改訂版

化粧品業界のブランド戦略

──日本と韓国における化粧品会社の戦略比較──

赤松　裕二　著

はしがき

本書は、日本と韓国の化粧品業界のブランド戦略を対象に比較研究しており、主に日本の資生堂と韓国大手のアモーレパシフィックの化粧品ブランドの戦略を多面的に考察している。ここでは、ブランドの展開におけるコーポレートブランドを中心とした戦略、個別の製品ブランドによる戦略を比較し、ブランド・ポートフォリオから見た戦略、製品アーキテクチャの概念による新たな検証、グローバル展開における戦略の適合性の観点から考察した。

近年、韓国の化粧品業界の躍進は著しく、2000年代には新興ブランドが続々と誕生して市場が活性化し、韓国内の化粧品市場は拡大し続けている。さらに、アジア周辺国での韓国の化粧品ブランドの評価も高まりを見せ、韓国の新たなグローバル産業として注目されている分野である。これらの最近の動きから、アジア市場では日本と韓国の化粧品ブランドが今後も競合を続けていくと予想され、日韓の化粧品業界とそのブランドの研究はさらに重要な意味を持つものである。

資生堂をはじめとする日本の化粧品メーカーが、企業の信頼性と評価を裏付けにしたコーポレートブランドを軸とするブランド戦略であるのに対し、韓国の化粧品業界では、独立した個別ブランド戦略によって近年に著しく成長している。日本の化粧品業界では、企業に対するイメージが製品の評価に反映する傾向にある。これに対して韓国の化粧品業界では、企業名やコーポレートブランドから独立した個別の製品ブランドが、各ブランドにおける単独の評価を得ることによって、そのブランド展開は有効に作用している。

本研究の目的は、ブランド・ポートフォリオ戦略に焦点を当て、日韓の代表的な企業、資生堂とアモーレパシフィックの比較分析を通じて、なぜ近年韓国の化粧品企業が成長しているのかについて検証することにある。先行研究の多くはブランド戦略をコーポレートブランド戦略と製品ブランド戦略に分けてきた。Aaker（2004）などの研究によれば、コーポレートブランドとは、企業のすべての製品やサービスのイメージを代表する企業ブランドを指している。一方で、製品ブランドとは個々の製品やサービスに対する顧客の信頼やイメージのことである。先行研究の多くはマーケティング戦略に沿って、コーポレートブランド戦略と製品ブランド戦略を効率良く使い分ける必要があることを指摘している。

しかしながら、多種のブランドを同時に展開する化粧品のカテゴリーにおいては、製品の特性とブランド戦略の関係性をコーポレートブランド戦略と製品ブランド戦略という単純な枠組みで説明することはできなかった。なぜならば、既存の研究ではブランドを全社レベルと製品レベルに分けてきたため、ブランドの種類と製品のカテゴリーが多い企業がブランド間の調整と製品の特長をいかにマッチングさせるかという課題については、必ずしも明確に答えられなかったからである。そこで、本研究では、ものづくりの分野で多く用いられてきた製品アーキテクチャ論の「擦り合わせ型戦略」と「組み合わせ型戦略」を用いてブランド戦略を分類し、韓国の化粧品会社がいかにブランド戦略と製品の特性を結び付けて成長してきたのかを明らかにすることとした。

これらの問題意識に基づき、本研究では資生堂とアモーレパシフィックの事例研究を通して、両社のブランド・ポートフォリオ戦略、生産組織、競争戦略、グローバル・ブランド戦略について検証した。その結果、以下の結論を導くことができた。

第一に、資生堂とアモーレパシフィックの比較を通して、コーポレートブランド戦略による企業の各ブランドは、製品における材料等の特殊性をアピールすることよりも、機能性と企業のブランドイメージの統一性を重視することがわかった。他方、製品ブランド戦略による企業は特殊な原料を使用した自然派化粧品等に特化し、製品ブランドごとの特殊性を明確にすることで製品ブランド間の差別化を進めていることが明らかになった。

第二に、本研究は製品アーキテクチャの枠組みを用いて、韓国企業のブランド戦略として組み合わせ型戦略が有効であることを示した。先行研究は主に日本や欧米企業のブランド戦略に注目するものが多く、アジア地域の企業のブランド戦略に関する研究は少なかった。製品アーキテクチャの概念によってブランドをシステムとして捉えた場合、擦り合わせ型ブランド戦略による企業は全社レベルでのブランドの統一性を重視する傾向があり、日本の化粧品会社の多くがこの形態に該当することがわかった。他方、組み合わせ型ブランド戦略を取る企業はミックス・アンド・マッチによって全体の顔を作るケースが多く、韓国企業の多くがこの形態に属することが明らかとなった。

第三に、ブランド構築のプロセスと製品の生産組織は相互間で関連性が高く、資生堂のように擦り合わせ型ブランド戦略を展開する企業は、生産面での垂直統合を通じてブランドの強化を図る傾向がある。他方、アモーレパシフィックのように組み合わせ型ブランド戦略を展開する企業は、OEM 製造による水平分業を積極的に進めることが多く、ブランド別の分社化が進んでいる。その結果、本研究では「組織はブランド戦略に従う」という命題を導いた。

第四に、本研究では、資生堂とアモーレパシフィックの中国市場でのブランド戦略について、コーポレートブランドと製品ブランドという枠組みを用いて、グローバル・ブランドとローカル・ブランドの適合性に関して検討した。その結果、コーポレートブランド戦略では、ローカル・ブランドによる現地化が、製品ブランド戦略ではグローバル・ブランドによる標準化戦略が適合することを明らかにした。

本研究において、ブランド戦略を新たな発想と枠組みで考察することで、今後のブランド戦略の研究へ与える貢献を提示した。しかしながら、本研究は化粧品ブランドの特殊性や機能性といった差別化の度合を客観的数値尺度で測定できなかったため、ブランド・ポートフォリオ戦略の測定に課題を残している。

今後、入手可能なサンプリング調査や、顧客層と対象セグメントを絞ったアンケート調査による定量分析を加えることで、本研究での事例分析を実証していくとともに、化粧品ブランドの評価における各基準を設定していくことが必要である。そのためには、さらに明確な評価基準と差別化の基準点の設定が求められるものである。本書では資生堂とアモーレパシフィックの二社による比較を中心としたが、今後は他の化粧品メーカーや地域に範囲を広げ、日本と韓国以外の欧米の有力ブランドを研究対象に加えることが必要といえるであろう。今後、広範囲な化粧品各社のブランド戦略についての調査・分析を行うとともに、さらに他業種のブランド戦略との比較を行いつつ、定量面の分析を加えた研究を進めていきたい。

最後に、2018 年 12 月に本書の初版を刊行したが、出版から 1 年余りで多数の方々に評価いただき、このたび改訂版として発刊する運びとなったことは大変感慨深いものである。この場を借りて、関係者の方々に感謝申し上げたい。

2020 年 1 月　赤松　裕二

目　次

序　章

1．研究の背景

ブランドは企業において経営戦略上の重要な意味を持つ資産であり、企業の競争優位を保つための手段として既存研究でも注目されてきた。このことから、各企業が有する様々なブランドについて、戦略的に管理し意思決定を行うことが必要とされている。また、ブランドには全社レベルのコーポレートブランドから、個々の製品を区別する個別の製品ブランドまで多岐のブランドが存在する。そして近年では、企業経営の重要な要素として、保有する複数のブランドの管理や戦略的展開が注目されており、これらについての様々な議論がなされている。

しかしながら、このブランドに関する戦略についての既存研究では、欧米や日本の著名企業に関する研究が主であり、アジア各国の市場に着目した検討が今後の課題であると考える。アジア地域を対象としたブランド戦略の研究は、近年に新興国企業の研究(1)も始まってはいるが、その対象企業やブランドの範囲は限定的であり、まだ十分に検討がなされているとはいい難い。本研究では、東アジア地域のブランドと市場に焦点を当て、そのなかで韓国の化粧品企業とブランド戦略を考察の対象として選択し、日本における企業のブランド戦略との比較を行うこととした。化粧品ブランドに着目したのは、一般の工業製品とは異なって製品スペックや性能が可視化しづらい分野であり、購買にあたってはブランドイメージが先行しブランド戦略の影響がより大きいものと判断したからである。ここでは、日本と韓国の化粧品業界のブランド戦略を多面的に考察し、その戦略の事例をもとに新たなブランド戦略の枠組みを提示する。これは、日本と韓国という社会的・文化的背景の異なる二つの国の企業を、ブランド戦略の側面から考察するという取り組みであり、今後の研究に新たな意義を持つものといえる。

日本の産業界は、長らく続いた景気低迷や消費者の価値観の変化、新興国からの安価な輸入製品の流入と従来型商品のコモディティ化によって、市場や産業構造の変化は著しい。新興国の工業製品や新興国での現地製造が増加するなかで、日本国内には安価な工業製品が市場にあふれている。低価格の新興国製品が増えてブランドが軽視される一方で、毎日、肌に直接使用する化粧品は、安全性や効力の信頼性に基づくブランド名が重視される傾向にある。化粧品ブランドの選好においては、ブランドの持つイメージや高級感といった感覚的な要素が消費者の購買行動に大きく影響することから、製品としての効能や機能性の認知以上にブランドの発するイメージが訴求点となる。また、ブランド戦略の研究において、化粧品ブランドはその性格から少し特殊な分野ともいえる。同一のカテゴリーや価格帯に多数のメーカーやブランドが並立し、商品の類似性が高いことからブランドによる識別が不可避である。製品自体は外見のみで効果や性能を判断できず、使用感や満足感には個人差が生じる。消費者の購買への誘導にはブランド力の存在が大きく、化粧品はブランドの特性や戦略の効果が最も表れるカテゴリーであると考えられる。これらのことから、日本と韓国の化粧品業界とそのブランド戦略を比較することで、より明確なブランド戦略の差異性の明示や分類が可能になるものといえよう。

本書でとり上げる日韓の化粧品業界は、日本の化粧品市場が2009年から2013年の間で1.6％の微増(2)であるのに対して、韓国では同期間において37.8％の増加(3)となり市場は拡大している。日本においては資生堂が長らく国内市場で突出した地位にあったが、近年では他業態からの参入や流通形態の変化、国内市場の成長鈍化により資生堂の国内シェアは低迷(4)しており、海外売上への依存度が高まりつつある。韓国においては、アモーレパシフィックが業界最大手として高いシェアを維持しており、韓国内の市場拡大による成長とともにアジアを中心として海外市場においても売上を伸長させている。

日本の化粧品市場が低成長期に入り主要メーカーが停滞する状況であるのに対して、韓国の化粧品市場や企業が急成長をしている現象には注目でき、「その成長要因とブランド戦略にどのような特徴があるのか」という疑問が研究の背景となっている。韓国の化粧品市場が拡大している要因を考えると、アジア通貨危機を超えた2000年以降の韓国自体の経済的地位の向上と所得の上昇があげられる。韓国社会の変化においては、女性の社会進出の増加と化粧に対する意識の変化があり、化粧品の消費構造にも変化が生じている。百貨店を中心としたプレステージ市場が拡大しており、高級ブランドの高価格帯化粧品の消費が増加してきている。一方で、若年層の消費拡大と中高年層へのアンチエイジング化粧品市場の拡大により、化粧品の対象年齢が広がることによって消費量、金額ベースともに増加する傾向にある(5)。高価格帯への消費のシフトや個人の消費単価と対象顧客の増加によって化粧品市場は販売金額ベースで押し上げられ、韓国の化粧品市場は急速に成長するに至ったものといえよう。これは過去の日本の化粧品市場が歩んできた成長過程にも類似しており、90年代中盤まで日本の化粧品市場は右肩上がりに拡大していた。日本の化粧品市場が低迷期を迎えたのは2000年代前半であり、その後の化粧品市場は低成長の停滞期を迎えている。

また、個別の化粧品企業として、長らく日本の化粧品業界を牽引してきた資生堂は、国内での業績の低迷やシェアの低下といった問題に直面しているのに対し、韓国の代表的化粧品メーカーであるアモーレパシフィックは大きく躍進中である。百年を超える業歴を誇る資生堂は、日本の老舗化粧品メーカーとして高い評価を得てきた。しかしながら、近年は流通形態の変化や異業種からの参入による国内市場の環境変化によって苦戦を強いられており、かつての揺るぎない地位は崩れつつある。また、一時は中国市場においても勢いを見せた資生堂ではあるが、昨今は欧米企業との競合や韓国企業の追い上げによって競争は激化し、従来型のブランド戦略のみに依拠できる状況にはない。アジア地域で資生堂を追い上げている韓国企業の代表がアモーレパシフィックであり、特に中国市場での躍進が顕著である。本研究では個別企業としての戦略の変遷をブランドから考察することで、「日韓両社のブランド戦略の違いは何か、アモーレパシフィックの成功要因は何なのか」という問いが本研究の動機となっている。

本研究で対象とする韓国の化粧品業界は、アモーレパシフィックとLG生活健康の大手二社を中心にして長らく韓国内の市場を支えてきたが、近年は多数の新興化粧品ブランドが生まれ、化粧品市場は拡大を続けるとともに輸出産業として認知されつつある。1997年の通貨危機後に韓国の産業界では多くの構造改革がなされ、化粧品業界においても法改正や流通チャネルの大きな変化があった。2000年以降は新興化粧品ブランドの市場参入が相次ぎ、新たな商品開発や顧客ニーズの訴求が積極的に行われており、韓国内の化粧品ブランド間の競争は激しさを増している。それは結果として韓国の化粧品ブランドの評価を高めることにつながり、海外市場でのブランド認知度も高まりを見せている。最近の韓国化粧品の中国、東南アジア市場での躍進も著しく、韓国化粧品ブランドはその認知度を高めるとともに、新たな輸出成長産業として位置づけられている。着目すべき点は、韓国の化粧品市場の成長を牽引してきたのが、アモーレパシフィックを中心とした国内メーカーの貢献が大きいことである。輸入自由化後に欧米や日本の化粧品ブランドとの競合がはじまり、それは国内主要メーカーの製品開発の高まりと技術力の向上を導く結果となった。韓国特有の一部財閥等による寡占状態にも類似はするが、アモーレパシフィックが技術面や開発において韓国の化粧品業界を主導し、化粧品市場の成長期にシェアや金額を伸ばして業界を支えてきたことは注目できることである。

韓国の化粧品業界の成長と市場拡大には、国内の所得や生活様式の変化といった要因も考えられるが、化粧品業界各社のブランド戦略や商品開発による差別化に依拠することが大きいものと指摘する。日本における資生堂などの制度品[(6)]メーカーが、その強力なコーポレートブランドを活かした戦略でマーケティングを行ってきたのに対し、韓国の化粧品ブランドは古くからの大手メーカーであっても、各製品のブランドを独立した個別ブランドとして育成している。一方の資生堂では、自社のチェーンストアを中心とした制度品主体の事業展開から、1990年代以降はドラッグストアや量販店、インターネット無店舗販売といった一般品の流通チャネルの変化に対応すべく、各チャネル別の新規ブランドの拡大を行っている。また、花王などの新規事業者の参入もあって、顧客ニーズの変化に合わせた製品ブランドの投入を強化し続けた。その結果、2000年頃の資生堂のブランド数は100を超え、ブランドの管理やマーケティング費用の増大による収益の悪化がみられた。

表J-1では資生堂とアモーレパシフィックの経営指標を比較しており、両社の業界での位置づけを示している。米ドル換算による売上では、アモーレパシフィックは資生堂の約55％の水準であり、海外売上についても海外への本格進出が後発であることから資生堂を大きく下回っており、世界順位も5位と17位の開きがある[(7)]。しかしながら、アモーレパシフィックは自国市場での高いシェアを有し、近年は海外売上も大きく伸長しており、高い利益率と成長性を示している。一方の資生堂が、長らく日本国内でのシェア[(8)]を低下させてきたことに比較して対照的な動きである。また、昨今の日本市場が低成長であるのに対し、韓国の化粧品市場は成長を続けており、アモーレパシフィックは韓国内での基盤を確保したうえで海外に自国内のブランドを拡張している。これに対して、資生堂は自社のブランド力に依存した戦略によって、国内シェアの低下を補うべく海外売上比率を高めてきたものといえる。

これらのことから、日本と韓国の化粧品メーカーのブランド戦略の傾向や、二

表 J-1 資生堂とアモーレパシフィックの業績比較

（金額：百万 US ドル）

	資生堂	アモーレパシフィック
売上高 ※1）	9,863	5,443
営業利益	976	492
営業利益率	9.9％	9.0％
海外売上高	4,539	1,890
海外売上比率	52.6％	34.7％
国内シェア（化粧品） ※2）	約16％	約34％
国内順位（化粧品）	1位	1位
世界順位（化粧品）	5位	17位

出所：資生堂（2014, 2015, 2019）、アモーレパシフィック（2014, 2015, 2019）、韓国保健産業振興院（2014）、パク・ファン（2015）により筆者作成。

※1）売上高等の業績は、資生堂、アモーレパシフィックともに2018年12月期。
（換算レート：111.00円/US$、1,116.70ウォン/US$、2018年12月28日東京市場公示仲値）

※2）国内シェア、順位の比較は2013年基準、韓国保健産業振興院（2014）p.43による。

つの国を代表する資生堂とアモーレパシフィックの戦略の傾向には大きな違いがあると考えられる。その戦略の違いが近年の両社の業績に影響を与えるとともに、韓国における化粧品業界が国の成長産業として位置づけられるのに対し、日本の化粧品業界は成熟化し成長が停滞する状況を導いたものといえる。化粧品は、基礎化粧品[9]やメイクアップ化粧品[10]など顔面に使用するものからボディ用に至るまで、その商品は多岐にわたり、年齢や性別を問わず幅広い顧客層を対象に消費される。日韓両国ともにその市場は大きく、化粧品業界には多くの企業が参入し、専業の大手メーカーから他業種や中小業者に至るまで業界の裾野は広い。マスメディア等を利用した積極的な広告活動が特に目立つ業界でもあり、他業界と比較するとブランドを前面に押し出した顧客へのイメージ戦略が重要視されることに特徴があるといえよう。本研究では、化粧品という特殊な製品分野のブランド戦略に焦点を絞り、その戦略の差異性を明らかにすることを研究の大きな軸としている。そして、「韓国の化粧品業界の成長要因はブランド戦略に依拠するのか」「日韓二社のブランド戦略の違いとアモーレパシフィックの成功要因は何なのか」という疑問を明らかにすることを本研究の課題としている。また、日韓の代表的な化粧品メーカーのブランド戦略を、「従来とは異なる新たな軸や切り口で分類し定義づけることはできないか」という研究課題のもとに分析する。その問題意識に基づいて、既存のブランド戦略の議論をものづくりの概念である製品アーキテクチャ論や、市場での競争戦略の概念を援用した新たな切り口から考察を行うことで、日韓二社の戦略の違いを明らかにしていくものである。

2．研究の目的と意義

本研究の目的は、既存研究で議論されてきたコーポレートブランドと個別の製品ブランドによる戦略について、新たな枠組みによってブランドを分類し戦略を検証していくことである。その大きな試みとして、ものづくりの分野で多くが論じられてきた製品アーキテクチャの概念やPorter（1980、1985）による競争戦略の概念を援用し、新たな視点からブランド戦略を考察するものである。Aaker（2004、他）、Keller（2007）らによる既存のブランド戦略の議論では、多種のブランドを同時に展開する化粧品のカテゴリーにおいては明確な枠組みは得られず、製品としての特性とブランド戦略の関係性は十分に論じきれていない。ブランドのポジショニング(11)を二次元図で平面的に観察するのではなく、新たな軸を加えて三次元の領域として示すことによって、ブランドのポジショニングの特性をさらに明確化できるのではないかという一つの試みである。

また、多数のブランドが同一セグメントにポジショニングされる化粧品ブランドにおいて、各ブランドの位置づけと組成のプロセスを製品特性と全社のブランド・システムの完成という観点から切り分けることで、新たなルールづけを行う試みによって考察する。これは、無形資産であるブランドについて、ものづくりの概念をとり入れることで、ブランド戦略を新たな枠組みから見ることができ、戦略の有効性と一貫性を観察する一つの尺度を得ることができるものと考える。ものづくりの研究分野では、製品アーキテクチャ論による「擦り合わせ型（インテグラル）」と「組み合わせ型（モジュール）」の概念は一般的な分類となりつつある。無形資産であるブランドをものづくりの製品と比較した場合には、最終製品としての完成形やその効果の所在が明確ではない。しかしながら、既存研究においても金融商品の組成や金融のシステム、サービス業におけるアーキテクチャの概念が論じられており、無形資産やビジネスのプロセスを「擦り合わせ型」と

「組み合わせ型」に分類する試みが行われている。人工物の設計思想という概念から広義に製品アーキテクチャ論を捉えているものであり、ブランドという「あらかじめ設計された人工物」の集合体を、全社のブランド・システムという一つの完成品として解釈することも可能であると考える。本研究で特に着目したのは、傘下ブランドの分社化による管理と製造における水平分業(12)と垂直統合(13)である。資生堂が製造子会社を吸収統合し、自社の内製化と製造元表示を一元化して生産面での垂直統合とコーポレートブランドの強化を図ってきたのに対し、韓国のアモーレパシフィックではOEM製造や分社化に積極的である。詳細については第４章において論じるが、これらは製品アーキテクチャの概念から分類すると、擦り合わせ型と組み合わせ型の特徴を有することになる。本研究における製品アーキテクチャの概念の援用は新たな取り組みであるがゆえに、その最終的な効果への因果関係を立証することが本研究の大きな課題といえる。全社のブランド・システムの完成が化粧品企業の目指す理想形と考え、ものづくりでの最終製品に該当するものとして論じていきたい。

その考察の流れとしては、日本の資生堂と韓国のアモーレパシフィックを比較の対象とすることで、両社のブランドの展開をブランド・ポートフォリオと競争戦略的視点から検討し、ブランド戦略の新たな競争優位のポジショニングを導いていく。次に、ブランドの展開におけるコーポレートブランド戦略、個別の製品ブランドによる戦略を比較し、各々のブランドの創出から展開に至るプロセスを製品アーキテクチャの概念から考察し、新たなブランド戦略の枠組みを提示していく。そして、海外進出をブランドから捉えた研究として、コーポレートブランドと個別の製品ブランドによる戦略の違いと、海外進出におけるブランド戦略の違いを明確にすることで、グローバル・ブランドとローカル・ブランド戦略の優位性とその適合性を確認するものである。

次に、本研究の目的と検証プロセスについて、その内容を考察の順に示すこととする。一番目の考察としては、Aaker（2004）らによって、保有ブランドのリスク分散やシナジー効果として議論されてきたブランド・ポートフォリオ戦略について、Porter（1980、1985）を中心とした競争戦略的視点から考察し、ブランド戦略の新たな競争優位のポジショニングを導く。本研究では、日本と韓国の化粧品業界を対象にして研究を進めることで、ブランドのポジショニングが競争優位の戦略上で重要な位置づけとなることについて考察するものである。ここでは、化粧品ブランドというイメージ戦略に重点がおかれた特質に着目し、製品としての価格プレミアムを機能性と特殊性の観点から観察することによって、ブランド展開の特徴を新たな視点で明らかにしていく。

二番目の考察は、Aaker（2004、他）らによって議論されてきたコーポレートブランドと個別の製品ブランドによる各戦略の優位性について、Ulrich（1995）や藤本（2001、2007）らによって論じられる「製品アーキテクチャ」の概念による新たな視点から、「擦り合わせ型」と「組み合わせ型」というブランド展開の新たな概念を導いていく。これは、化粧品のブランド創出のプロセスに着目し、ものづくりの概念である「製品アーキテクチャ論」を無形資産であるブランドに適用する新たな取り組みとなる。

三番目の考察においては、Aaker et al.（2000）や Keller（2007）らによって論じられてきたブランドのグローバル戦略について、資生堂とアモーレパシフィックの中国市場でのブランド戦略を事例として、コーポレートブランドと個別の製品ブランドによる戦略の違いと、グローバル・ブランドとローカル・ブランドにおける適合性を論じる。両社の中国市場での戦略の違いを、コーポレートブランドによる戦略と個別の製品ブランド戦略の視点から考察する。日韓の二社におけるブランド戦略には基本的な違いがあり、海外進出におけるブランド戦略の違いを明確にすることで、グローバル・ブランドとローカル・ブランドの優位性とその適合性を確認するものである。

本研究では、日本と韓国の化粧品業界を対象に研究を進めることで、先行研究で検討されなかった新たな概念において、ブランド戦略を考察している。既存研究のブランド・ポートフォリオ戦略の概念を競争戦略的視点から考察することで、新たな視点からブランド戦略を検証している。また、製品アーキテクチャの概念をブランド戦略にとり入れることで、ブランドを考察する新たな枠組みとして、ブランドの構築における判断要素としての意味を持つことから、本研究はブランドのマネジメントにおいて意義をなすものと考える。さらに、海外進出をブランドから捉えた研究として、中国市場でのブランド戦略の考察から、新規市場におけるグローバル・ブランドとローカル・ブランドによる戦略の選択の可能性として、その判断基準となる事例としての意義を持つ。これらの新たな研究の取り組みは、ブランド展開における実務上の判断材料として、また、新たなブランドの枠組みとして、今後のブランド戦略の研究に貢献するものと考える。

3．研究の対象と方法

本研究において対象としてとり上げたのは、日本と韓国の化粧品業界である。ここでは、日本と韓国の代表的な化粧品メーカーとして、日本の資生堂と韓国のアモーレパシフィックを主な比較の対象としている。この二社を選択する理由は、両社が日本と韓国を代表する化粧品メーカーであり、両社ともに化粧品から創業した長い業歴と、一定数以上のブランドを有するという企業背景によって、ブランド戦略の比較対象として有意であると判断したからである。

本研究では、資生堂とアモーレパシフィックの二社について、そのブランド展開の事例をもとに、企業としてのブランド戦略の歴史、ブランド展開の方向性、ブランドの特性に着目して分析する。両社のブランド展開の特徴（差異性）を分析の軸としており、コーポレートブランド（全社ブランド）と個別ブランドによる戦略の効果について、先行研究で論じられてきた各概念から多面的に考察している。主な着眼点として、ブランド・ポートフォリオの構成についての差異性、ブランド創出の過程における製品アーキテクチャ論の援用による分類、グローバル展開における戦略の違いと適合性、という三つの観点から分析を行っている。

その調査方法としては、店舗における売場や陳列状況の確認、実際の商品パッケージのブランド表示や製造元表示の確認、広告媒体における表示方法、製品のプロモーション上でのブランド・ストーリーや商品特性の表記によって、二社のブランド戦略を分類している。具体的な分類方法として、個別の製品ブランドに対するコーポレートブランドの表示または併記の状況、コーポレートブランドや企業名の併記による個別ブランドへの親ブランドの関与状況、個別ブランドの店舗や広告における企業名やコーポレートブランドの露出状況を確認した。特に各ブランド・ストーリーにおける特色については、資生堂とアモーレパシフィックの自社公式ホームページで公開されている内容、およびアニュアルレポート上で開示されているものを採用し、店舗における明示や売場店員の口頭による説明を加えて判断している。また、全社ブランド（コーポレートブランド）と個別ブランドにおける戦略の類型の判断は、まず商品現物の容器などのブランド名や社名表記を確認し、次にその検証として雑誌広告やホームページでのプロモーション上における内容確認を行っている。さらに、実店舗での陳列や売場における企業名やコーポレートブランドの関与の度合を確認し、企業背景や親ブランドの影響

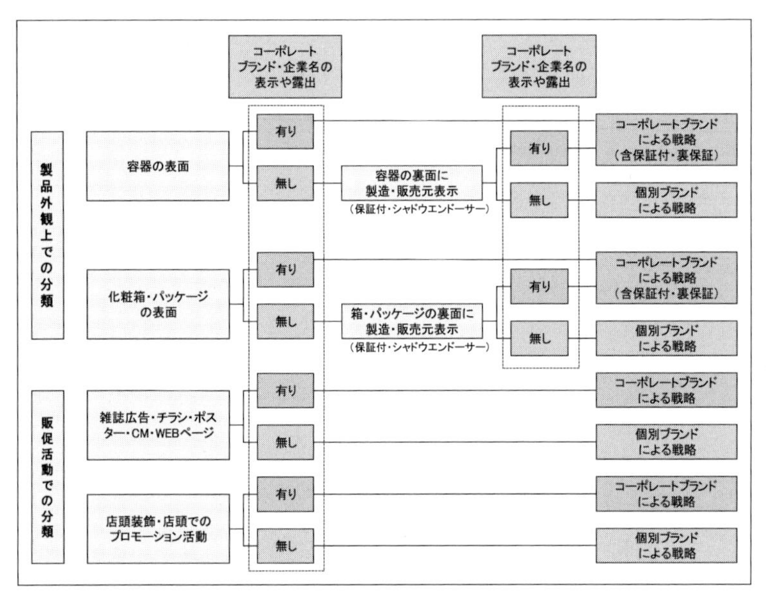

出所：筆者作成による。※化粧品現物のサンプリング調査および現地での店頭調査に用いた。

図Ｊ－１　化粧品ブランドの戦略の確認方法

度合を分析したうえで判断している。これらのブランド別の定義づけや分類については、公式なプロモーション上でのブランド別の特性と、実店舗における販売活動上で明示されている内容をもとにしたものであり、できるだけ客観的な判断材料から分析を行うようにしている（図Ｊ－1）。

資生堂については、WEB広告[(14)]や女性ファッション誌[(15)]の閲覧、マスメディアなどの広告媒体におけるコーポレートブランドと個別ブランドのプロモーション方法、実店舗における各ブランドの訴求と表示方法を調査した。店舗においては商品パッケージの観察調査を行い、容器や化粧箱における製品ブランド名の表示とコーポレートブランド名や製造元等の社名表示、店舗のプロモーション上での資生堂ブランドと個別ブランドの取り扱いを比較している。資生堂のプレステージブランドについては、大阪市内および阪神間、神戸市内の百貨店の9店舗、東京都内の百貨店3店舗において調査を行った[(16)]。さらに、中価格帯の専門店向けやマスマーケット向けのメガブランド商品については、大阪市内のドラッグストア、阪神間の大手スーパーでの調査を実施した[(17)]。

アモーレパシフィックについては、韓国現地（ソウル、釜山）の百貨店、路面店（ブランドショップと専門店）、免税店の店頭において、店舗でのブランド別の陳列状況、ブランド名の表示方法、容器や箱へのブランド名の表示と製造元・販売会社の記載について観察調査を行った。また、韓国の現地で販売される女性ファッション誌[18]などのメディア、WEB上での広告や商品紹介をもとにして分析を行い、店頭での価格調査やインターネットサイトの販売価格の調査を加えて分類を行っている。店頭における実際の販売商品とブランドのプロモーション方法の調査では、ソウルおよび釜山の百貨店、免税店、個別ブランドショップ、専門店を中心に約30店舗[19]での観察調査を行っている。店舗における調査においては、各店頭での販売員による実際の商品説明も加味しており、広告媒体やインターネット上で文字化されているブランドの説明との内容の照合を行うことで、より客観的な分析と考察を導くことができるように留意している。

また、両社の化粧品業界での競合企業としての考察を加え、日本からは主にカネボウ化粧品を、韓国からは主にLG生活健康の戦略を検証し、多面的な分析を行っている。これらの化粧品メーカーの調査については、各社ホームページからの資料や各社アニュアルレポート、既存研究の文献による調査のほか、百貨店などの実店舗での観察調査と一部店舗でのインタビュー調査を行い、追加的な検証を行った[20]。

4．本書の構成

第1章において関連する先行研究を示しており、ブランド戦略の概念やコーポレートブランドと製品ブランドによる戦略、ブランド・ポートフォリオ戦略の議論、そして、関連する競争戦略や製品アーキテクチャ論、グローバル・ブランドの概念を示している。ブランド戦略の概念では、ブランドについての歴史的意義とその解釈、Aaker et al.（2000）におけるブランドの意義と概念を中心にして説明する。次に、Aaker（2004、他）らによる個別ブランド戦略やコーポレートブランドにおける議論、ブランド・ポートフォリオの概念と既存研究での議論の方向性を示し、今回の分析に用いたPorter（1980、1985）の競争優位の戦略について説明する。また、Ulrich（1995）や藤本（2001）による製品アーキテクチャの概念の基本的な説明とその枠組みを示し、アーキテクチャの概念から派生する諸研究から無形資産のブランドにおける理論の転用へ結びつける。さらに、Aaker et al.（2000）や Keller（2007）、井上（2013）、松浦（2014）らの先行研究を示し、グローバル・ブランドとローカル・ブランドの概念とその主張について述べ、既存研究におけるブランドのグローバル展開の戦略の概念とその意味するところを明確にする。また、先行研究の最後には、化粧品ブランドに関する香月（2010）らの既存のブランド研究を示し、本研究の基礎的な概念として位置づける。

第2章では、最初に化粧品の歴史と社会的背景を説明し、日韓の社会的背景による化粧文化の違いを示している。第2節から日本と韓国の化粧品市場と業界の概況を論じており、日本における化粧品業界の状況と主要各社の歴史や主要チャネル、現在までの戦略の中心とブランド展開の概要を示し、流通システムの特色と変遷に焦点を当てている。資生堂については、日本のトップメーカーとしての歴史的背景と販売戦略の変遷、主要なブランド構成と戦略の特色を示し、資生堂のマーケティングとブランド戦略の概要を説明する。また、日本においては資生堂のほか、カネボウ、コーセー、ポーラなどの古くからの大手メーカー、通信販売から成長した DHC やファンケル、他業態からの参入であるロート製薬や富士フイルムについての概況を論じる。一方の韓国の化粧品業界においては、2000年以降の化粧品市場の拡大や新規参入の状況、韓国の化粧品市場の特徴を説明するとともに、韓国独自の特色ある製品展開によって化粧品業界が急成長している状況を提示する。また、韓国最大手であるアモーレパシフィックの歴史とブランド展開の状況、韓国内での同社の位置づけを示し、同社のブランド戦略の概要を説明している。加えて、その他の韓国の化粧品ブランドの状況について、新興化粧品ブランドを含めた各社の概況を示す。そして、韓国の化粧品の中国市場を中心とした海外戦略と、資生堂とアモーレパシフィックの海外進出の状況について論じる。

第3章においては、ブランド・ポートフォリオ戦略を競争戦略的視点から考察し、二社の戦略について Aaker（2004）らのブランド・ポートフォリオ戦略の概念と、Porter（1980、1985）の競争戦略による新たな切り口から検証する。資生堂とアモーレパシフィックのブランド・ポートフォリオについて、その構成の軸となるコーポレートブランド（全社ブランド）と個別ブランドの戦略の差異性を考察し、両社のブランド構成において重視される範囲が異なることを明らかにする。両社の主要な化粧品ブランドを、「機能性」「価格帯」「特殊性」の三つの軸（定義）で区分した三次元の図上に展開し、ブランドのポジショニングと特性の領域を比較することによって戦略の違いを示している。従来のブランド・ポートフォリオ戦略や競争戦略の概念による考察のみでは、コーポレートブランド戦略と個別ブランド戦略のポジショニングの適合性を明らかにできなかったが、三つの軸で示すことによってその適合性を見いだしている。

第4章では、製品アーキテクチャの概念から日韓化粧品メーカーのブランド戦略を比較し、「擦り合わせ型ブランド」と「組み合わせ型ブランド」の新たなブランドの概念を示すことによって、日韓の化粧品各社のブランド戦略を新たな枠組みで分類している。ここでは、ブランド創出のプロセスに着目しており、無形資産であるブランドについて、製品アーキテクチャで論じられる「擦り合わせ型」と「組み合わせ型」という新たな概念を示している。コーポレートブランドを軸として各製品ブランドを展開する戦略では、傘下の各ブランド間での調整が必要となり、擦り合わせによるプロセスを経て全社におけるブランド・システムが機能している。一方で、個別の製品ブランドによる戦略では、各ブランドがそれぞれに評価を得ることによって、ブランド・ポートフォリオ上で単純に組み合わされることで全社のブランド・システムが機能している。元来は「ものづくり」の概念であった製品アーキテクチャの理論を適用することで、既存研究では議論されることのなかった新たなブランドに対する観点から、ブランドの分類方法として新たな切り口とブランド戦略の枠組みを構築していく。

第5章では、資生堂とアモーレパシフィックの中国市場でのブランド戦略を事例として、グローバル・ブランドとローカル・ブランドの適合性について考察し、コーポレートブランドと個別の製品ブランドによる戦略の適合性について検討する。コーポレートブランドを中心とした戦略をとる資生堂においては、中国市場でのローカル・ブランドによる現地適合化を行ってきた。一方のアモーレパシフィックは自国内ブランドを海外市場に拡張し、世界標準化を行っている。ここでは、二社の海外市場におけるコーポレートブランドと個別の製品ブランドによる戦略の違いから、グローバル・ブランドとローカル・ブランドの優位性とその適合性について検討する。さらに、従来は生産面での海外進出の研究が中心であったものを、ブランド戦略から見た海外進出を考察することにより、本研究では新たな着眼点から論じるものとなる。

第6章においては、第3章から第5章における各考察から、各章で論じた新たな概念を組み合わせた追加的考察を行い、各ブランド戦略を多面的に検証する。製品アーキテクチャの概念からブランド・ポートフォリオ戦略を検討し、さらにグローバル・ブランド戦略と組み合わせ型ブランドの考え方、ローカル・ブランド戦略と擦り合わせ型ブランドの考え方について比較検証を行っていく。ここでは多面的な検証を行うとともに、ロレアルやエスティローダーなどの欧米の主要化粧品メーカーとそのブランド戦略を加え、日韓の化粧品メーカーとの対比や欧米各社に各理論を拡張した検証を行う。また、リージョナル・ブランドの戦略の考え方と事例を提示し、ローカル・ブランドとグローバル・ブランドの中間的存在としてP&G（プロクター・アンド・ギャンブル）の事例を考察に加えている。

最後の終章において、各章からの総合的な結論を導いて総括し、本研究における意義と今後の定量面における分析等の課題を示したうえで、本研究がもたらす今後のブランド戦略の研究に与える貢献を提示する。

〈注〉

（1） アジアのブランド研究では、Blair et al.（2003）、Temporal（2000、2006）、Roll（2006、2015）、Chadha et al.（2006）、徐（2010）などの既存研究がある。これらのブランドの研究では、「Tiger Beer」や「Red Bull」などの飲料、タイの「Jim Thompson」「Siam Cement」、インドの「TATA」、中国の「Lenovo」「Huawei」、韓国の「Samsung」「LG電子」、台湾の「BENQ」などの事例研究がある。「資生堂」や「アモーレパシフィック（Amorepacific）」の研究もあるが、企業全体におけるブランド戦略の議論が中心であり、個々のブランドの傾向や特色には着目されておらず十分とはいえない。

（2） 矢野経済研究所（2014）図1（2009年：2兆2840億円、2013年：2兆3200億円）により算出した。

（3） 韓国保健産業振興院（2014）p.6（2009年：5兆5342億ウォン、2013年：7兆6242億ウォン）により算出した。

（4） 資生堂の国内推計シェア（2013年）は約16％であり、1980年代のピーク時から半減している。

（5） 韓国の化粧品市場の概況については、朴（2015）pp.46-55によって論じられており、高価格帯とマス向けの低価格帯で増加する消費の二極化があると指摘している。

（6）　化粧品メーカーが小売店と直接契約、またはメーカー系列の販売会社を通じて販売する化粧品をいう。

（7）　韓国保健産業振興院（2014）p. 43 による。

（8）　資生堂の国内推計シェア（2013 年）は約 16％であり、同社の魚谷社長の公式コメントによると 1980 年代のピーク時から半減している。

（9）　基礎化粧品とは、化粧水や美容液、乳液、クリームといった皮膚を健やかに保ち、肌質自体を整える目的の化粧品をいう。

(10)　メイクアップ化粧品とは、ファンデーションや口紅、眉墨、アイシャドーといった、肌に立体感や色彩を加えることで見た目を美しくする目的の化粧品である。

(11)　自社の製品やサービスを、他社と差別化するための市場での戦略的位置づけである。

(12)　水平分業とは、企業が製品の開発や製造における各段階の一部または全部を外部の企業に発注して製品化することをいう。効率化や生産の柔軟性に利点があり、パソコンなどのデジタル家電業界で一般化されている。

(13)　垂直統合とは、企業が製品の開発や生産、販売に伴うサプライチェーンの上流から下流までを、自社組織やグループ内で統合して行うことをいう。技術流出の防止などの利点があり、自動車メーカーなどによる部品製造や販売会社の合併・系列化が垂直統合の典型的な例である。

(14)　資生堂グループの各ブランドサイトや、インターネット通販（百貨店サイト、楽天市場等）における商品プロモーション内容を参考とした。

(15)　女性向け美容ファッション雑誌の『VOCE（ヴォーチェ）講談社』『MAQUGIA（マキア）集英社』『美的（BITEKI）小学館』『ミセス・文化出版局』『JJ（ジェイジェイ）光文社』などの広告掲載により確認した。

(16)　2014 年 5 月から 2015 年 12 月にかけて、阪急百貨店（うめだ本店、西宮店、川西店）、大丸百貨店（梅田店、心斎橋店、神戸元町店）、阪神百貨店（梅田本店）、髙島屋（難波店）、そごう百貨店（三宮店）の 9 店舗、東京では、三越（銀座店）、松屋（銀座店）、伊勢丹（新宿本店）で調査を行った。

(17)　イオン、平和堂、コクミン、ダイコクドラッグ、マツモトキヨシの各店舗の店頭観察調査を実施した。

(18)　韓国で発刊される女性雑誌『ELLE』『InStyle』『marie claire』『CeCi』『GRAZIA KOREA』『allure』『BAZAAR』『VOGUE』の広告掲載により確認した。

(19)　2012 年から 2015 年にかけて韓国を 8 回訪問し、ロッテ百貨店（ソウル明洞、釜山西面、釜山光復店)、新世界百貨店（ソウル本店、釜山センタム店)、現代百貨店（釜山)、ロッテ免税店（ソウル、釜山、金浦空港、仁川空港)、その他ソウル明洞、ソウル東大門、釜山西面、釜山南浦洞のブランドショップ（路面店）で調査を行った。

(20) 2015年4月から5月にかけて、大阪市内・神戸市内の主要百貨店（阪急百貨店、大丸百貨店等）の国内店舗での調査、同年5月1日から3日に、韓国のロッテ百貨店釜山本店、同光復店、ロッテ免税店での調査を行った。

第1章

ブランド戦略に関する先行研究

本章では、ブランド戦略の概念、コーポレートブランドと製品ブランド、ブランド・ポートフォリオ戦略、競争戦略、製品アーキテクチャ論、グローバル・ブランドとローカル・ブランド、化粧品のブランドに関する既存研究を示している。

1．ブランド戦略の概念

「ブランド（Brand）」という言葉は、英語の「焼印を押す」という「burned」を語源とするといわれている。牧畜において、放牧している自分の牛を他人の牛から区別するために焼印を押し、また、中世の陶工が自らの陶器に独自のサインやマークを入れていたことに始まる。初期のブランドの概念は、十六世紀初頭のヨーロッパにおいて起こったといわれ、英国のスコッチ・ウイスキーの製造業者が、出荷の際に樽のフタに焼印を押して製造元と品質を保証したとされる(1)。

Sherry（2005）は、ブランドの語源として、燃えるという意味の「burning」、所有や消去不可性を意味する「marking」、そして、危険を与えること、または危険から救出することであるとする。ブランドは、変化をもたらす情熱の炎が有形化されたものであり、ブランドは授けられるもの、獲得するものであり、一族の形成を外に示すものであると論じている。また、ブランドの言葉の定義として、差別化するものであり、約束であり、プレミアム価格を課すための免許であり、ブランドは、人の心理に働きかけて合理的な思考を妨げる手っ取り早い方法であるとする。さらに、作り手の精神を吹き込み、この本質を体内に宿らせる行為であり、パフォーマンスや集積、インスピレーション、記号論的アプローチ、仲間意識、企業の姿を立体的に映し出すものであると論じる(2)。

近代的なブランドの考え方は、ヨーロッパと北米で起こり、これは鉄道網の発達と地理的市場の拡大に関連があるとされる。例えばビールの銘柄であれば、鉄道網の発達によって重いビール樽が広い範囲で流通するようになり、消費者の選択の幅も広がることから、ラベルやロゴマークによる商品の識別が必要となった。

そのためには覚えやすい発音のネーミングを考案し、その後に広告媒体が普及することでブランド名はさらに重要な意味を持つことになる。現代的な意味での「ブランド」は、自社のブランドを他社ブランドと区別する方法として、そのためのシンボル、マーク、デザイン、名前を指す。また「ブランディング」とは、競合商品に対して自社製品に優位性を与えるような、長期的な商品イメージの創造活動のことである(3)。

ブランド戦略の意義としては、既存顧客のロイヤルティを高めて自社製品（商品）を反復購入させることであり、新規に顧客を開拓して顧客層を広げることである。そのためには強力なブランドを所有することが必要であり、ブランドへのロイヤルティを高めることで、固定客による長期的に安定した売上を実現できることになる。また、ブランドへの高い評価は品質が認められることも意味し、企業のイメージが向上することで、さらには取引業者との間においても有利となる。これらのことから、ブランドは企業活動に大きな影響を与えるものであり、強いブランドを有することで関連事業分野や新規事業の展開においても有利となりえる(4)。

Aaker（1996）は、ブランドが有する資産的な価値として「ブランド・エクイティ」という概念を示しており、それは「ブランドの名前やシンボルと結びついた資産（および負債）の集合」であり、製品やサービスによって企業やその顧客に提供される価値を増大（あるいは減少）させるとしている。その主要な資産を、「ブランド認知(5)」「知覚品質(6)」「ブランド・ロイヤルティ(7)」「ブランド連想(8)」に分類している(9)。ブランド認知は、消費者の心の中におけるブランドの存在感の強さと関係し、認知は消費者がブランドを記憶する様々な方法に応じて測定される。知覚品質は、消費者がある製品やサービスを、その購入目的に照らして代替品と比べた際に知覚できる品質や優位性のことであり、戦略的な推進力になるとする。ブランド・ロイヤルティは、ブランドを売買する際に価値を付与するときの重要な考え方であり、高いロイヤルティを持つ顧客は売上と利益をもたらし、ロイヤルティを有する顧客を創造する可能性があるときにだけ、ブランドは価値を持つとしている。ブランド連想とは、消費者がブランドについて想起する一連の連想のことであり、この連想には製品属性や有名人の起用、特殊なシンボルが含まれる。ブランド連想は、企業がブランドを通して顧客の心の中で表現させたいものによって推進されると論じている(10)（図1－1）。

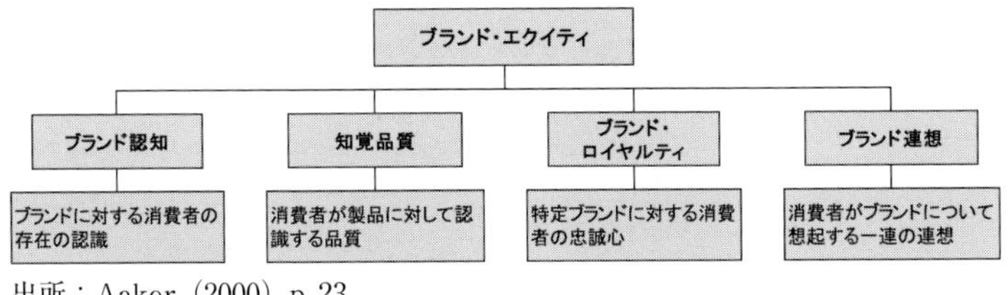

出所：Aaker（2000）p. 23。

図1－1　ブランド・エクイティの分類

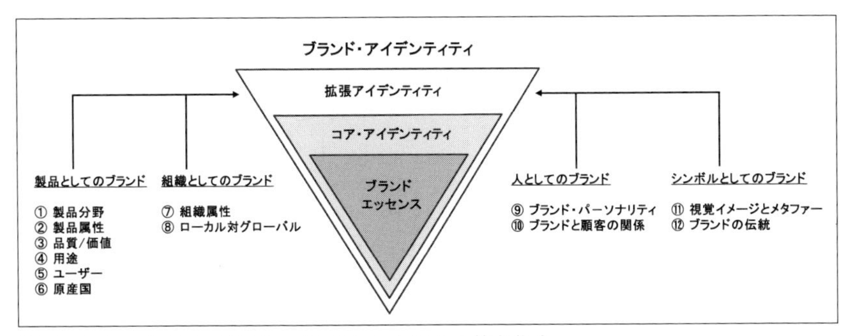

出所：Aaker（2000）邦訳書 p. 49の図2－2により筆者作成。

図1－2　Aaker によるブランド・アイデンティティのモデル

また、Aaker（1996、2000）は、「ブランド・アイデンティティ」という概念を示しており、ブランドに方向性、目的、意味を与えるものとする。ブランド・アイデンティティは「ブランド要素」ともいわれ、ブランドを識別するための構成要素のことである。Aaker（2000）によれば、ブランド・アイデンティティは、ブランドの戦略家が創造し維持したいと思うブランド連想の集合であり、この連想はブランドが何を表しているかを示し、また、組織が顧客に与える約束を意味する。ブランド・アイデンティティは、製品としてのブランド（製品分野、製品属性、品質および価値、用途、ユーザー、原産国）、組織としてのブランド（組織属性、ローカル対グローバル）、人としてのブランド（ブランド・パーソナリティ[11]、ブランドと顧客との関係）、シンボルとしてのブランド（視覚イメージとメタファー、ブランドの伝統）の四つの視点から構成されている[12]（図1－2）。

ブランド戦略の各定義については、Aaker（2004）による分類が既存研究では多く用いられており、各戦略と用語の定義づけについて説明を加える。図1－3では、ブランド間の関係について、四つの基本的戦略を Aaker（2004）から引

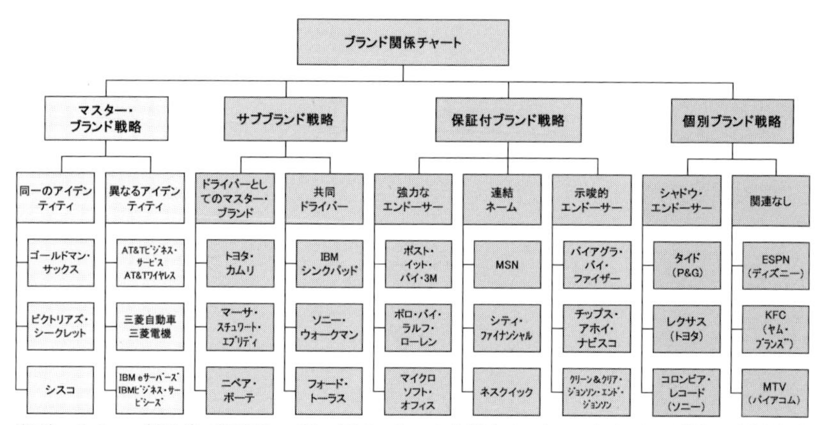

出所：Aaker（2004）邦訳書 p. 60の図２－２。※企業名やブランド名は、原著の出版当時の名称である。

図１－３　ブランド関係チャート（Aakerによる分類）

用したチャート図によって示している(13)。

マスターブランド（master brand）は、製品やサービスを認識する最初の表号であり、評価の基準点とされる。通常はブランド名の先頭に冠され、「GE」や「トヨタ」はマスターブランドであるとする。コーポレートブランドによる戦略が、マスターブランド戦略といえる。サブブランド（sub brand）は、ブランド展開の基本的な枠組であるマスターブランドの連想を修飾・修正するブランドである。サブブランドによって、「ソニーのウォークマン」などのような連想や、「トヨタのカムリ」のような車種を示す製品カテゴリー、「ナイキのエアフォース」などの活力までも付加することができる。サブブランドの役割の一つとしては、マスターブランドを意義ある新しいセグメントに拡張することにある。また、エンドーサー・ブランド（endorser brand）は、製品やサービスに信頼性と実体を与えるものであり、エンドーサーは通常は組織ブランド（organizational brand）であり、エンドーサーは製品でなく組織を代表するものとされる。エンドーサーによる保証付ブランド（endorsed brand）は、ブランドが保証されることで支援の効果を得る。個別ブランド戦略（house of brands）は、過去の連想に縛られない新しいブランドを持つことであり、最も独立志向の強い選択肢である(14)。

図１－３で示すブランド関係のチャート図では、個別ブランド戦略が最も独立

性が強く、保証付ブランド戦略は、既存ブランドが一定の連想をもたらす役目を果たし、サブブランド戦略は、新商品を既存のマスターブランドの下で市場に出す戦略である。マスターブランド戦略は、新商品をディスクリプター[15]付の既存マスターブランドの下で市場に出す方法であり、その製品が他のカテゴリーの製品とブランドを共有することとなる。日本で見られるコーポレートブランドによる戦略が、マスターブランド戦略の典型的な事例である。

これらのブランドについての既存研究の定義や概念から、多岐にわたるブランド戦略の議論がなされており、次節以降のブランド・ポートフォリオやグローバル・ブランドなどを考察するうえで、それらの検討における主な要素となっている。

2．コーポレートブランドと製品ブランド

Aaker（2004）は、コーポレートブランドの事例としてコンピューター会社のデル社をあげ、「デル・ブランドはコーポレートブランドであると同時に製品のマスターブランドでもあり、企業とその製品やサービスの両方を象徴しており、そのコーポレートブランドはデル製品に信用と信頼をもたらす多大な価値がある[16]」と説明している。Aaker（2004）によれば、コーポレートブランドの役割は、その規模と組織能力、伝統、そして長年の組織としての成功をもとに、製品に信用と信頼をもたらすことであると論じている。また、コーポレートブランドの重要な役割として、最初に、いくつかの文脈において影響力の強いドライバーの役割を持つマスターブランドとなる可能性があり、コーポレートブランドは究極的なマスターブランド戦略と見ることができるとしている。二番目に、コーポレートブランドはエンドーサーとして理想的であり、その製品の精神や実体面で背後から支える組織を象徴しているため、機能的にも情緒的にも作用する確かなエンドーサーとなることができるとする。三番目の役割としては、金融機関等に対して企業（持ち株会社）を象徴することであると説明している。

また、Aaker（2004）は、コーポレートブランドを活用する理由として、組織と製品の両方を明示的にはっきりと象徴する特別なものであるとする。具体的には、コーポレートブランドは、組織連想において差別化を発揮し、組織的プログラムをブランド活性化要素として利用でき、ブランドの連想は信用や好感、そし

表１－１　コーポレートブランドを活用する理由（Aakerによる論点）

	コーポレートブランド活用の効果	理由と説明
1	組織連想において差別化を発揮する。	製品やサービスは時間の経過とともに似たものになりがちであるが、組織の場合は様々な面で同じでなく、それぞれが必然的に異なることになる。
2	組織的プログラムをブランド活性化要素として利用できる。	社会貢献や大規模なスポンサーシップ活動は、通常は組織全体に関わるため、これらを利用する際に、コーポレートブランドは製品ブランドと比べて有利である。
3	コーポレートブランドの連想は、信用や好感、知覚された専門性に基づく信頼性をもたらす。	信頼は重要な属性であり、それは製品よりも組織の方が築きやすい。
4	製品と市場に活用すると、ブランド・マネジメントがより容易で効果的となる。	コーポレートブランドに関わる優れたブランド構築プログラムが、組織全体で利用できるようになる。
5	コーポレートブランドのアイデンティティが組織のミッションや目標、価値観、組織文化を支える。	社内の従業員にブランドの本質を理解させやすくなり、企業の目標や価値観を顧客に示す従業員に対して、これらの要素を伝える役割を果たす。
6	製品ブランドとは異なる、顧客関係の基盤とメッセージをもたらす。	組織ブランドは、組織を取り巻く伝統と重要なエクイティを象徴する一方で、製品ブランドが活力源となることを可能にする。
7	小売業者や投資家などのステークホルダーとのコミュニケーションを促す。	ブランドの知名度や会社の戦略、業績などには誰もが影響を受け、ブランドを知っているというだけで安心感がもたらされる。
8	究極のマスターブランド戦略を生み出し、単一ブランドを強化する効力がある。	サブブランドの使用が限定的である場合には、ブランドはシナジーを得て、様々な文脈で連想を強化する。また、ブランド構築資源を集約でき、市場におけるブランドの影響力も強まる。

出所：Aaker（2004）邦訳書 pp. 343-346により作成した。

て知覚された専門性に基づく信頼性をもたらすとする。さらに、コーポレートブランドを製品と市場に活用すると、ブランド・マネジメントがより容易で効果的となり、ブランド・アイデンティティが組織のミッションや目標、価値観、組織文化を支え、製品ブランドとは異なる顧客関係の基盤とメッセージをもたらすとしている（表１－１）。その主張では、究極のマスターブランド戦略として、単一のマザーブランドがあることでブランド構築の資源を集約でき、市場におけるブランドの影響力も強まるとし、マスターブランド戦略が常に優先すべき戦略であるとしている。

一方で Aaker（2004）は、コーポレートブランドのマネジメントの課題にも触れ、「ブランドが一つのカテゴリーと強く結びついている場合、顧客の認識を変えることは大型客船の向きを変えるようなものであり、多大なエネルギーと時間を要する[17]」と論じている。これは、コーポレートブランド戦略の宿命でもあり、大きなリスクでもある。また、コーポレートブランドのリスクは、その活用から生じるブランド・エクイティとビジネスが、目に見えるマイナスイメージに弱いということがあげられている。

これらの Aaker（2004）の既存研究では、コーポレートブランド戦略は、各マスターブランド戦略が持つすべての長所をあわせ持ち、組織をも象徴する究極的なマスターブランド戦略として最も推奨している。しかしながら、コーポレートブランドが有効であるのは、すでに成功した企業の結果から捉えられることが多いことも否めない。日本を代表する各企業ではコーポレートブランドによる戦略が多く見られるが、それは大多数が長年の歴史のなかで勝ち残ってきた企業であり、長年にわたる評価の結果でもある。企業のマイナスイメージの払拭や、製品や部門からの撤退、買収といった流れのなかでは、有効に作用しないケースも多く指摘できる。コーポレートブランド優位の理論は一般的にも理解されるところではあるが、カネボウが花王の傘下となった以降も、被買収先のブランドが継続して有効であることを考慮すると、消費者の行動は企業名に依存するだけではないものと指摘できる。

徐（2010）は、コーポレートブランドによる戦略は、複数の製品に同一のブランドを用いることによって、すべての製品の将来の売上を単一ブランドに託するものであるとする。そして、コーポレートブランドがそれぞれの製品の品質を保証する役割を果たすことから、企業は品質保証の費用を削減できると論じている。徐（2010）は、コーポレートブランドのマーケティングコストの効率化を論じる一方で、場合によってはコーポレートブランドのハロー効果[18]が企業にとって不利に働くことも指摘している。その理由として、すべてを包括したコーポレートブランドでは戦略のフォーカスが広がってしまうことから、広告ではイメージが重視され消費者への訴求力が弱まって価格訴求に帰結しやすく、創出されたサブブランドは短命に終わりがちであると説明している[19]。また、徐（2010）は、韓国企業におけるコーポレートブランドについて考察している。サムスン、LG、SKなどの韓国の大企業においては、コーポレート・アイデンティティを統合し、企業自体がブランドとして機能化させ、企業が生産する製品・サービスを総体的にマネジメントし、保証するコーポレートブランドの時代が本格的に到来したと論じる。サムスンやLGのブランド・マネジメントの事例をあげており、トップマネジメント主導型でブランドの一貫性や継続性を維持・強化するための専門組織を組成し、戦略的にコーポレートブランドを構築している例を示している[20]。これらの事例による考察から、自社ブランドの全社的なマネジメント体制の重要性、トップマネジメント主導型の必要性、投資対効果の把握、製品ブランドとの役割・機能の明確化と相互補完関係の重要性などを論じている。

Ries（1998）は、消費者はブランドを買うのであり、企業を買うわけではないので、製品ブランド名を企業名より重視するべきであるとしている。企業名とブランド名の両方が同じであることが望ましく、そうでない場合には大きな問題を抱えるとする。ブランドの表記方法の結論として、製品ブランド名を重視することを論じ、企業名を小さな活字でブランド名の上に配する手法を推奨している。企業名を併記するというこの考えは、日本の化粧品メーカーの製品ブランドに見られる傾向であり、新規ブランドをエンドーサー付きで立ち上げ、実質的にコーポレートブランドを存続させていることが象徴的である。

Calkins（2005）は、個別ブランド戦略は古典的であるが強力なモデルであるとし、カニバリゼーションと重複を避けるためにそれぞれ明確なポジショニングが与えられると説明している。個別ブランド戦略のメリットは、個々のブランドが顧客グループを正確にターゲティングできることであり、個別ブランドに何か問題が生じた場合にも、リスクを個別ブランドだけにとどめるという意味で、リスクの分散と最小化を論じている。これはブランド・ポートフォリオ戦略の議論にも関連するが、Calkins（2005）は、コアとなるマスターブランドを育成し、既存カテゴリーでのブランド拡張と効率的なブランド・ポートフォリオ運営を戦略論の中心としている。

Kapferer（2002）は、欧米と日本のブランド・マネジメントを比較して、欧米のブランド・マネジメントは製品割り当てモデルであるとする。それは、製品のアイデンティティに非物質的な要素を盛り込んでいることで、ブランドの評価基準は、差別化、妥当性、そして自らを高めようとする欲求であるとしている。

また一方で、日本のブランド・マネジメントはロイヤルティモデルであるとし、一つのブランド、一つの名前だけに信頼が築き上げられるものであって、企業名は、力、継続性、地位を具象化するうえで最も適したブランドの名称とする。そして、欧米ではブランドは消費者のために作られたものであり、企業名は株式市場においてのみ重要であったので、すべての製品はブランドたることを強いられてきたとしている。それに対して日本におけるブランドの評判とは、一人の人間が同時に消費者であり市民であり従業員であるかのように扱われる。そのため日本の企業は、巨大で規模が大きいことが強さにつながり、あらゆるものを内包するような傘ブランド政策を重視すると論じている[21]。これは、欧米での製品に関する本質的な考え方を指摘しており、欧米の製品ブランド戦略を、根本的な文化の違いから自然発生的な事象として捉えているものである。また、日本においてのコーポレートブランドによる戦略については、ロイヤルティモデルとして企業名が重視されるということを論じており、そもそもの発生由来に言及している点で興味深い。二つの文化、思想の違いから、戦略を語る以前の問題として、各々がそのブランド名を定着させるための土壌とプロセスに違いがあるという認識である。しかしながら、根本の文化や考え方の違いがあれば、異なる文化では適合しないブランド戦略は成り立たないことになるが、現在の欧米の製品ブランドが浸透する日本において、これを普遍的な事象として論じることは難しいものといえる。

小川（2011）は、個別ブランド名のみを使用するのは、消費者に対して自由な存在としてブランド名をアピールしたいという企業姿勢の表れであるとする。また、企業名がついたコーポレートブランドは、ブランドの知名度や選好度を高めるために、企業という「傘」を活用したいという意図があり、頻繁にモデルチェンジを行う改良型製品では、特に消費者のブランド知名を高めるために企業名を入れていると説明している。これは一般的なコーポレートブランドの説明としては十分であるが、製品種別によって付加価値やブランドへの評価の視点は異なるので、コーポレートブランドの全体を説明できるものではない。

簗瀬（2007）は、近年の日本企業と欧米企業のブランディングの傾向を調査している。欧米企業は従来から個別ブランド戦略であったが、最近は食品市場を中心にブランドへの消費者の不信感を払拭するため、コーポレートブランドを使ったエンドースによって、個別ブランドの価値を高める傾向にあることを指摘している。個別の製品ブランディングを進めてきた欧米企業は、その企業政策の基本理念をターゲティングとポジショニングとし、セグメントされた市場を定義して、そこでの差別的競争優位をブランドに持たせることとした。その欧米企業もグローバルに展開するなかで、コーポレートブランド戦略を採用する必要性がカテゴリーやリージョンによって出てきており、最近では欧米企業が、コーポレートブランドによって信頼を確保してきた日本のブランディングに近づいてきている。一方で、日本企業においてもコーポレートブランド戦略だけではなく、個別製品ブランドの強化を図っている例をあげている。Canon（キヤノン）の例がそれであり、デジタルコンパクトカメラやデジタル一眼レフカメラ、プリンター、複合機といった異なるジャンルにおいて、「Canon（キヤノン）」というブランドを強力なエンドーサーとして、その連想ができない分野でサブブランドにマーケティング費用を投下していることを指摘している。これは最近のブランド戦略の新しい傾向として注目できるものである。グローバル化を進めるうえでは従来の慣習にとらわれることはマイナスであり、コーポレートブランド戦略であるか個別ブランド戦略であるのかに固執する戦略では生き残れないことを示唆している。企業のブランド戦略の起点は、コーポレートブランドまたは個別の製品ブランドによる戦略ではあるが、ブランドが一定の評価を得た後では、その軌道修正のなかで双方のメリットを加える作業が必要といえる。

李（2012）は、製品ブランドとコーポレートブランドの関係の一つの結論として、第一に、保証の提供先として製品ブランドに比べてコーポレートブランドのパワーは大きい。第二に、ブランド連想に関しても、製品ブランドに比較して企業ブランドは広範囲にわたって連想を波及させ、特に組織に基づく連想の重要性は競争優位を獲得するうえで欠かせない。第三に、コーポレートブランドはあらゆるステークホルダーと関わっているため、全ステークホルダーを満足させることによって、企業価値創造の可能性を提供するとしている。一方で、強い製品ブランドは、特にコーポレートブランドの希薄化の予防や活性化のために重要な役割を担っており、製品ブランドとコーポレートブランドは相互補完関係にありながら、コーポレートブランドはより広い視点でその価値を提供していると論じる。また、李（2012）は、企業マネジメントの視点に立ち、製品ブランドとコーポレートブランドは異なる次元のものとする。製品ブランドはマーケティング部門の産物であり、コーポレートブランドの管理は企業のトップマネジメントによってリードされ、企業管理や価値創造に欠かせない重要な資産であるとしている。製品ブランドがマーケティング部門で管理される対象であることに比較し、コーポレートブランドは重要な経営資源として育成されるべきであるとして、コーポレートブランドの企業マネジメント上の重要性を主張している。李（2012）の説明では、欧米を中心とした個別ブランド戦略では、コーポレートブランドのパワーは分散し、ブランド間の関係は無視されやすいとしている。また、コーポレートブランドによって、すべてのブランドの統合と一貫したアイデンティティの形成が可能となることから、いくつかの視点でコーポレートブランドの重視を論じている。

Aaker（2004）や李（2012）はコーポレートブランド戦略を優位であるとして捉え、マスターブランドによる戦略を優先すべき手法としている。徐（2010）においても、日本と韓国企業のコーポレートブランドについて論じるなかで、その優位点が論じられている。Ries（1998）は、企業名としてのコーポレートブランド戦略には消極的立場をとり、どちらかといえば個別ブランドでの戦略を支持している。Calkins（2005）は、個別ブランド戦略の優位性を主張しながらも、マスターブランド戦略としてのコーポレートブランドのメリットも認めており、別の視点からブランド・ポートフォリオ上でのブランド拡張と整理といった施策を論じている。簗瀬（2007）では、それらの先行研究を論じながら現在のブランディングの実態を示し、両者の優位性を結論づけるのではなく、両者の修正的な動きを示唆する。

これらの既存研究からいえることは、コーポレートブランドによる戦略は、マーケティング費用の効率化や経営資源の集中効果によって優位性が高いが、一方ではレピュテーションリスクを一つのブランドで負うデメリットもある。コーポレートブランド戦略が競争優位であるのか、個別の製品ブランド戦略のメリットが大きいのかは、扱う製品や業種、企業の規模によっても異なるものと考えられる。概していえることは、コーポレートブランドによる戦略は、企業における技術の信頼性や財務的信用、組織としての評価が高い場合には有効に作用する。しかしながら、企業としての歴史が浅いベンチャー型新興企業では、過去の評価も皆無であり、企業名も製品名も新規ブランドである。コーポレートブランドは長年の実績の積み重ねを示しており、その評価の裏付けなしには企業名は単なる製品ロゴであり、識別手段としてしか評価を受けないであろう。特に新興国企業が海外市場で販売活動を行うにあたっては、コーポレートブランドでの評価を得ることは難しく、製品そのものの性能評価やプロモーション効果に依拠するものと考えられる。

本研究は、主に日本の資生堂と韓国のアモーレパシフィックを比較しているが、資生堂は100年を超える歴史を有し、早くから海外進出を果たして過去に高い評価を得ている。一方のアモーレパシフィックは韓国では業歴が古く、韓国内での評価は高い企業であるが、本格的な海外進出の歴史は浅くまだ十分な評価を得られているとはいえない。このような背景からすると、資生堂とアモーレパシフィックではコーポレートブランドの裏付けとなる効果は異なり、資生堂のエンドーサーとしての有効性と、アモーレパシフィックにおけるその有効性には疑問が生じる。このことから、新興国等の企業が新たに海外市場に進出する場合には、企業としての知名度と信頼性を活かした戦略は難しい。コーポレートブランド戦略の議論は欧米や日本などの成熟した社会や市場では有効であるが、新興国市場では異なる側面を有するものである。韓国のサムスンやLGといったブランドは、性能や品質、価格といった評価を個別に受けており、さらに古くから海外市場へ進出しているために認知度は高いが、同じ韓国製品でも化粧品ブランドやファッションブランドについての海外での認知度は低い。

これらの既存研究から、コーポレートブランドでの優位性を戦略の中心としないのであれば、新興の企業にとっては個別の製品ブランド戦略を中心に据えることとなる。新興企業が新規市場で販売活動を行う際には、コーポレートブランド戦略での優位性は想定し難く、個別ブランド戦略の方が多様なリスクを吸収できる可能性が高いといえる。また、海外市場で自社のフルラインの商品（ブランド）を進出当初から展開するケースは少ないが、市場での将来のブランド・ポートフォリオを見据えた計画的なマルチブランディング戦略が必要といえよう。

3．ブランド・ポートフォリオ戦略

ブランドは企業における重要な資産であり、化粧品業界のほか多くの企業が市場で様々なブランドを用いている。このため、各企業が有する様々なブランドについて、戦略的にマネジメントし意思決定を行うことが必要である。このように企業が有する様々なブランドを管理するうえで、複数のブランドを組み合わせて顧客へのイメージを形成することや、セグメントされた市場での優位性を保つための管理手法として、ブランド・ポートフォリオの管理が重要視されている。既存研究においても、ブランド・ポートフォリオの戦略的意義や役割などについての議論がなされている。

Aaker（2004）は、ブランド・ポートフォリオ戦略（brand portfolio strategy）とは、ポートフォリオの構造とそのブランドの範囲・役割・相互関係を明確にするものとし、ブランド・ポートフォリオ、製品定義の役割、ポートフォリオの役割、ブランド範囲、ポートフォリオ構造、ポートフォリオ・グラフィックスの六つの要素に分けている。Aaker（2004）によれば、最初の要素である「ブランド・ポートフォリオ」の基本的な課題は、その構成であるとしている。ブランドを追加することによって、ポートフォリオが強化されるときもあるが、ブランドを追加する場合にはそこに必ず明確な役割がなければならないとする。ブランドの数が多すぎると、それらを支えるのに必要な資源を十分に確保することが難しくなり、悪いケースでは、不必要なブランドの存在そのものが混乱を招くこともあり得るとしている。その場合には、たとえ痛みを伴っても、ブランド・ポートフォリオを簡素化する以外に解決策はないと論じている。次の要素である「製品定義の役割」では、マスターブランド、保証付きブランド（エンドーサー・ブランド）、サブブランド、ディスクリプター、製品ブランド、傘ブランド、ブランド差別化要素またはブランド提携の役割を担っていると説明している。さらに「ポートフォリオの役割」は、ブランド・ポートフォリオに関する企業内部のマネジメントの視点を反映すると論じている。「ブランドの範囲」については、ポートフォリオ内のそれぞれのブランドが関連する製品カテゴリーやサブカテゴリー、およびブランドの持つ文脈間の関係を示すとしている。また、「ブランド・ポートフォリオ構造」は、論理が明確で簡潔に提示されると、よく理解され分析されやすくなるため、ブランド・グループ化、ブランド階層ツリー、ブランド・ネットワーク・モデルなどによるアプローチを有用としている。最後の要素として、「ポートフォリオ・グラフィックス（portfolio graphics）」をあげており、これは、様々なブランドおよびブランド文脈で使われる視覚的な表現方法である。中心的なブランド・グラフィックスは「ロゴ」であり、その他にも、パッケージやシンボル、製品デザインなどをあげている[22]。

さらに、Aaker（2004）はブランド・ポートフォリオの目的を、シナジーの促進、ブランド資産の活用、市場関連性の創造と維持、差別化と活力を伴ったブランドの構築と支援、そして明確さの達成であるとしている。ブランド・ポートフォリオはシナジーの源泉であり、異なる文脈でブランドを使用すれば、ブランドの認知度を高め、ブランド連想を創造・強化し、コスト効率を向上させるとする。また、十分に活用されていないブランドは遊休資産と同じであり、ブランドの活用とは強力なブランド・プラットフォームを創造し、エンドーサーやマスターブランドとして新たな製品市場にそれらを拡張することであるという。そのためのブランド・ポートフォリオ戦略では、将来に目を向けて、新たな製品市場への参入という戦略優位を勝ち支え得るブランド・プラットフォームを構築しなければならないと主張している。さらに、ブランド・ポートフォリオにおいて目標の強いブランドを持たなければ、自滅するとまで論じている。

概して Aaker（2004）は、ブランド・ポートフォリオ上で、不必要に数の多いブランドは混乱を招き、さらに経営資源の集中が十分にできないと指摘している。確かに、資生堂における 2000 年代に入ってからの改革がその一例であり、ブランドが拡張したあまりに消費者も混乱し、ブランドの明確な位置づけを見失ったものといえる。新規ブランドをポジショニングするにあたり、本来の戦略と離れて範囲や役割、相互関係が見えない状況では明確さに欠けることになり、結果として消費者がブランドを理解、認知できないことになる。ブランド・ポートフォリオは各ブランド間の競合を回避しつつ、ブランド間での相乗効果を狙うものである。また、ポートフォリオ上の各ブランドが強力なマスターブランドになることが必要であり、セグメントされた各市場での優位性を示し、それを維持する戦略が重要であるといえる。

Keller（2007）は、ブランド・ポートフォリオの管理には、長期的な視点を持ち、ポートフォリオ内の様々なブランドの役割とブランド間の関係を長期にわたり慎重に考慮することが必要であるとしている。また、ブランドがそれぞれ固有の役割を演じることで、顧客はブランド・ポートフォリオ内を回遊することができるとし、ブランドが消費者のマインド内で体系化されることが望ましいと主張している[23]。また、Keller（2007）は、論理的に整理されているコーポレートブランド戦略やファミリー・ブランド戦略は、消費者のマインド内に階層構造を生み出し、ブランド回遊[24]を容易にするとし、BMW などの自動車会社が、自社のポートフォリオ内のグレードで差別化している戦略を例にあげている。しかしながら、これは価格やグレードを明確に整理できるブランドの体系であり、ブランド・ポートフォリオが構成し易い例にすぎない。化粧品などの製品を差別化したりグレードを明確化したりすることは、価格に比例した外見や性能を単純に見出せる性質でないことから困難である。多数の類似した性能を示すブランドを差別化し、それを顧客ニーズに合わせてポジショニングしていくことは、コーポレートブランド戦略やファミリー・ブランド戦略の優位性で説明できるものではないと考える。

石井（1999）は、ブランド・ポートフォリオ・マネジメントとして、花王が多数の自社ブランドをマネジメントするにあたって、ブランド・ポートフォリオの考えを社内に導入している例をあげている。企業の限られた資源を、多数あるブランドにどのように配分するかが問題であり、伸びる市場や競合が厳しい市場へ集中的に資源を投入し、需要が安定し競争が緩やかな市場に対しては資源の投入を控えるという意思決定が必要と論じている。その意思決定を行うための枠組みであるブランド・ポートフォリオには、各ブランドを相互に比較できる仕組みが必要である。その指標と測定する仕組みとして、ブランド知名度、ブランド理解度、トライアル喚起力、商品満足度、リピート喚起力、情緒尺度、相対価格の指標をあげている。そして、競合他社のブランドについての同種の測定を行うことで、ブランド力のスコアを算定してブランドパワーを比較することができ、ブランド資源配分の意思決定が容易になるとしている。確かにこの手法によれば、既存のブランド・ポートフォリオ構成で資源投入の強弱を決定することや、ブランドの撤退を意思決定するのは容易である。しかしながら、新たな顧客ニーズでセグメント上に新規ブランドを参入させたり、新規の市場開拓として新製品を投入したりするブランディングでは、ポートフォリオ上のブランド間の相乗効果や関連性を検証する作業も必要である。既存ブランドのポートフォリオ管理と、新規ブランドによる市場開拓では、そのポートフォリオ・マネジメントの手法は異なるものと指摘する。

Calkins（2005）は、ブランド・ポートフォリオ戦略とは、企業の継続的成長（サステナブルグロース）を実現するために、様々なブランドやブランド要素をどのように活用するかを定めることであり、換言すれば、ブランドの優先順位、資源の配分、投資順位を決めていくことであるとしている。そのなかで、個別ブランド戦略のメリットは、個々のブランドが、固有の製品提案とポジショニングで顧客グループを正確にターゲティングできることであるとし、逆に管理面では複雑になるとする。また、マスターブランド戦略には、一つのブランドに注力できることや、規模の経済を最大化しマーケティング活動と投資規模の効率化を生むとし、数多くのメリットをあげている。しかしその反面で、一つのブランドに依存するリスクも指摘しており、ブランド・ポートフォリオ戦略の結論として五つの成功の秘訣をあげている。第一にはコアとなるブランドを構築し拡張する、第二にポートフォリオにブランドを追加する、第三に弱体化し重複したブランドを早めに削除する、第四に物事をシンプルにする、第五にトップマネジメントを巻き込む、と論じている(25)。Aaker（2004）や石井（1999）においても同様の主張があるが、Calkins（2005）での成功の秘訣は企業の現実的側面を捉えた理論である。特にブランド拡張によって、ブランド自体の成長が可能になるとし、カテゴリーとの関連性のある拡張を推奨していることが興味深い。

Kapferer（2002）は、ブランド・ポートフォリオの最適化は戦略的な意味合いを持ち、選択されたアプローチは包括的で、長期間続く効果を持つとする。さらに、ブランドの再編成はマーケティングに加えて、生産、財務、組織といった企業の多くの部門に影響を与えるとし、多くのブランドが、顧客の満足と流通チャネルの要求に対して、競合よりも効果的なポートフォリオを提供するという課題を有していると論じている。また、ブランド・ポートフォリオとは、ある特定の市場を支配し、参入障壁を創り出し、新しい顧客を獲得し、ロイヤルティを生み出すための特定ターゲットに対するマネジメント上の対応の一つと見ている。さらにKapferer（2002）は、企業が流通業者からの信用を確固たるものにするために、メガブランドの周りにポートフォリオを構築する必要があり、メガブランドの創造は、常に母体となる親ブランドと子ブランドの間のバランスに多大な影響を与えるとしている。こうした理由から、バランスのとれ過ぎたブランド・ポートフォリオは、それ自体が本質的な弱さを持っており、イノベーションが同じ規模の二つのブランドで起きた場合には、それぞれの効果は半減すると論じる。それゆえに、非常に細分化されたポートフォリオからは、メガブランドを創り出すのは難しいとする(26)。Kapferer（2002）による議論では、ポートフォリオを消費者のニーズに対応させるという目的以外に、流通チャネルへの対応という視点から、メガブランドの創造によるブランド・ポートフォリオの構築を論じている。ブランド・ポートフォリオのバランスがとれ過ぎることの危険性を指摘し、メガブランド創出を軸に据えてポートフォリオを構成すべきであると主張していることは、本研究において日本と韓国の化粧品ブランドを見るうえで注目できる。資生堂のメガブランド戦略への移行と既存ブランドの整理、そして、アモーレパシフィックのシンプルではあるが各チャネルとマーケット・セグメンテーションに長じたポートフォリオ構成、という戦略を説明できるものである。

櫻木（2011）は、資生堂の事例からブランド・ポートフォリオ戦略の有効な手法を導き出しており、日本国内の化粧品市場では、個別ブランド戦略よりもブランド拡張型のコーポレートブランド戦略の方が有効に作用していると結論づけている。Aaker（2004）などの既存研究では、ブランド拡張が消費者の混乱を招くとしていたのに対し、資生堂が過剰な製品ブランドを絞り込み、メガブランドによるサブブランドの拡張をしたことが効果的であったことを示している。そのなかで、ポートフォリオ上のブランドを階層的に管理することによって、強固なブランドイメージを確立させることができ、さらにメガブランド戦略のなかで、サブブランドによる多様な顧客セグメントへの対応が可能であるとしている。櫻木（2011）の理論は、資生堂という一社の事例に基づいたものであり、国内の全ての制度品メーカーにあてはまるものではない。資生堂のメガブランド戦略への移行とブランド数の整理は、結果として現在のチャネルに合わせた効率的経営を狙ったものであり、資生堂の高いブランド力の裏付けがあっての戦略である。それは資生堂に特殊なケースとして理解すべきものであり、これを普遍的に有効な化粧品ブランドのポートフォリオ戦略として論じることは困難である。

そのほかの既存研究として、Chailan（2010）はロレアル社の事例研究を行っており、ブランド・ポートフォリオのマネジメントを化粧品企業のロレアルの戦略から考察し、戦略の展開を導いた要因や競争優位の創出について論じている。Chailan（2010）は、ロレアルのブランド・ポートフォリオ戦略について、長期的なブランドの集合、ブランド一式の合理化、ブランド・ポートフォリオに基づいた開発モデルの競争的概念化の三つの特徴的な段階を確認している。Morgan and Rego（2009）は、ブランド・ポートフォリオ戦略の企業業績への影響について米国企業のサンプリングデータから分析を行い、ブランド・ポートフォリオの有する特性が、マーケティングと金融面のパフォーマンスにおいて重要な影響を与えることを示している。また、Uggla（2015）は、ブランド戦略とブランド・ポートフォリオ戦略に関して、創造的で多様な経営戦略として論じており、ブランド・ポートフォリオ戦略が経営戦略を推進させ、持続可能な経営戦略の進行と計画において重要な要素であることを論じている。Ugglaによる研究は、ほかにもブランド・エクイティの三つの概念とブランド・ポートフォリオのマネジメントを論じた研究（Uggla、2014）、芸術家のブランド・マネジメント戦略をブランド・ポートフォリオの視点から考察した研究（Uggla、2016）がある。そのほかLei et al.（2008）は、ブランド・ポートフォリオにおける負の波及を論じており、Wallina and Spry（2016）は、製品ブランドの重複とブランド・ポートフォリオのパフォーマンスに関しての調査結果から、ブランド支配の役割を考察している。

これらの既存研究から、ブランド・ポートフォリオ戦略が企業の経営戦略で重要な位置を占めること、そして市場での製品展開においては、ポートフォリオを重視した運営が必要であることが結論づけられる。ブランド・ポートフォリオ戦略においては、市場の顧客セグメントへの適正なブランド配置と、重複によるカニバリゼーションを回避するブランドのポジショニングが重要である。そのためには、自社のブランド全体を視野に入れた経営が必要であり、ブランド運営に関するマネジメントが要求される。経営資源の投入においても、保有する各ブランドへ資源を効率的に配分し、時には撤退や集中投入といった強弱をつけたブランド運営が求められる。選択と集中を実行するには、ブランドのタイムリーな評価システムが必要であり、そのためにも恒常的にブランド・ポートフォリオを重視した経営が重要な課題とされる。

4．競争戦略

Porter（1980、1985）が論じる競争戦略において、その基本的な概念として、どのような競争戦略を選ぶかを決める場合に、基本となる二つの中心的質問を示している。第一に、業界が長期にわたって収益をもたらすかどうか、すなわち、業界の魅力度がどの程度であるか、魅力度を左右する要因は何かということである。それは、自社の属する業界が本来持つ収益力こそが、企業の収益性を決める一つの重要な要素であるとする。第二に、一つの業界のなかで、企業の競争的地位が他社より強いか弱いかを決める要因は何かということであるとする[27]。

Porter（1980、1985）の示す二つの主題のうち、二番目の論点である「業界内

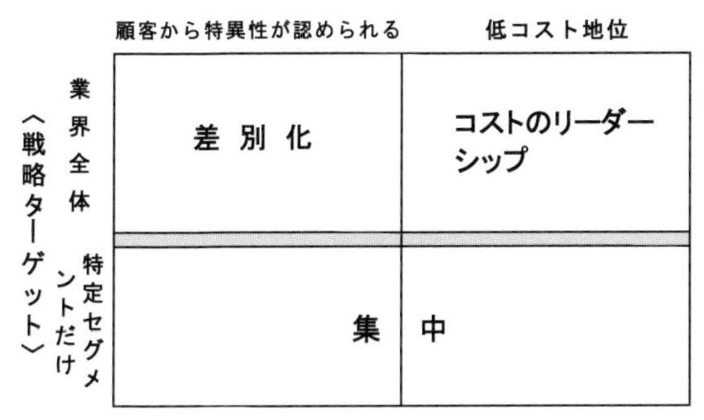

出所：Porter（1980）邦訳書 p. 61。

図1－4　Porter の三つの基本戦略

で他社に比べてどのような地位を占めるか」が、本研究のブランド戦略に関係するものである。業界内の地位によって、その企業の収益性が業界平均より上であるか下であるのかが決まる。企業の競争的地位が優れたものであれば、業界構造に問題があったとしても企業は高い収益率を享受することができるとしている。Porter（1985）によれば、基本的には競争優位のタイプは二つに絞ることができるとし、それは低コストか差別化であるとする。企業が有する長所や短所において、その重要性をつきつめれば、競争相手のコスト対自社のコスト、また、差別化にどのような影響を与えるかによって決まるとしている(28)。

図1－4で示すとおり、Porter（1980、1985）は、その基本戦略としてコスト・リーダーシップ戦略と差別化戦略、集中戦略の三つをあげており、このうち集中戦略においては、コスト集中と差別化集中の二つの方法を示している。競争優位を確保する戦略ターゲットの幅を広くするか狭くするか、どのタイプの競争優位を選ぶかによってたどる道が変わる。コスト・リーダーシップ戦略と差別化戦略は、業界内でのセグメントを大きく取って、そこで競争優位を確保しようとするものである。集中戦略は、狭いセグメントにおいて、コスト優位（コスト集中）か差別化（差別化集中）を狙うものである。コスト・リーダーシップ戦略は三つの基本戦略のなかで最も明確であり、自社の属する業界において、低コスト・メーカーの評価を得ることである。差別化戦略においては、自社製品に特異性が認められるような価値を付加し、買い手に価値を認知させるために製品イメージの差別化が重要であるとする。この差別化に成功し、それが持続できる企業

は、特異性のために払われる価格プレミアムが特異性をつくるために要したコストを上回る場合には、業界平均以上の収益をあげることができるとする。そのためには、差別化を求める企業は、差別化のコストより高額の価格プレミアムをもたらすような差別化の方法を常に探す必要がある。そして集中戦略は、業界内の狭いターゲットを競争の場として選択し、一つのセグメントや少数のセグメントに集中して、そこに適合するような戦略によって他社の排除を狙うものである。集中戦略のうち差別化集中戦略は、セグメントを選択し、特定の買い手、特定の製品・サービス、特定の地域に経営資源を集中させる戦略である。また、コスト集中戦略は、ターゲットとしたセグメントにおいてコスト優位を求めるものとして、集中戦略を二つに分けて論じている[(29)]。

また、Porter（1985）は、これらの三つの基本戦略について、それぞれの戦略は競争優位をつくり出し維持するためには異質な方法であるとし、通常の企業においては、三つの基本戦略から一つを選択しなければならないと論じている。戦略を特定のターゲット・セグメントに絞って最適化を狙う集中戦略の利点は、同時に広範囲のセグメント群を相手にするコスト・リーダーシップ戦略や差別化戦略ではその利点が失われてしまう。また、コスト・リーダーシップ戦略と差別化戦略においても同様であり、差別化に成功するには高いコストを要し、特異性を発揮して価格プレミアムを得るためには、意図的にコストを増やすことから、互いに矛盾する関係にあるとする。しかしながら、一方では、コストの削減が必ずしも差別化の犠牲を伴うわけではないとし、コスト・リーダーシップ戦略と差別化戦略を同時に達成できるのであれば、その報奨は大きなものになるとも論じている[(30)]。

これらのPorter（1980、1985）の競争戦略の概念から、各セグメント上での製品ブランドの特異性という差別化要素、特定ブランドに経営資源を集中してメガブランド化する集中戦略に、他のブランド戦略の既存研究に共通的要素を見出せる。Aaker（2004）や石井（1999）、Calkins（2005）の論じるブランド・ポートフォリオ戦略での経営資源の集中と差別化の主張は、Porter（1980、1985）の競争戦略論をとり入れた新たな考察が可能であるといえる。

５．製品アーキテクチャ論

製品設計の基本思想である「製品アーキテクチャ」の概念は、部品設計の相互依存度により、「擦り合わせ型（インテグラル型）」と「組み合わせ型（モジュラー型）」の大きく二つに分類される。擦り合わせ型は、部品間で相互に調整を行い最適な設計をしなければ製品全体の性能が発揮されず、機能と部品が「１対１」の関係でなく「多対多」の関係にある。一方の組み合わせ型では、部品（モジュール）の接合部（インターフェース）が標準化されており、これを寄せ集めて組み合わせれば多様な製品ができることから、部品が機能完結的であり機能と部品の関係が「１対１」に近いものである（Ulrich、1995；藤本、2001）。

図１-５は、組み合わせ（モジュラー）型と擦り合わせ（インテグラル）型の部品間の特性を示したものである。事前に部品の組み合わせ方のルールを定めて、開発・製造の際には、そのルールに従って組み合わせていくのが組み合わせ型である。一方で、事前に組み合わせ方のルールを定めずに、開発・製造を行う段階で全体の最適性を考慮して各部品間の調整を行うものが擦り合わせ型である。図１-５で示す擦り合わせ型の部品Ａ—Ｂ間では、接合部（インターフェース）は複雑であり高度な調整を要することになる。

次の図１-６は、部品システムと機能の関係を図示している。組み合わせ（モジュラー）型では、図のように一つの部品システムが独立して機能を実現することで機能完結的であり、部品と機能が１対１の関係に近いものである。一方の擦り合わせ（インテグラル）型においては、ある一つの機能を実現しようとする際に、複数の部品システムが統合的に関与する。機能と部品が１対１の関係でなく、多対多の複雑な関係にあるのが擦り合わせ型の特徴である。この概念は「ものづくり」における製品設計の考え方であり、製品を組み上げる際には、各部品間の微調整を行って部品間の不具合を擦り合わせる作業や、外注による部品を組み合わせることで最終製品となっていく。当然ながら、擦り合わせの微調整には手間と技術力を要することになり、個々の作業段階が複雑化し一般的に効率性は低くなる。単純に部品を調達して組み合わせていく工程は効率的かつ省力的であり、部品の標準化が進むことで外注等による分業化が可能となりコストの削減につながる。また、組み合わせによる工程では熟練した労働力や特殊技能の高さは要求されず、製造ラインも組み立てに特化することで生産の効率性は高くなる。

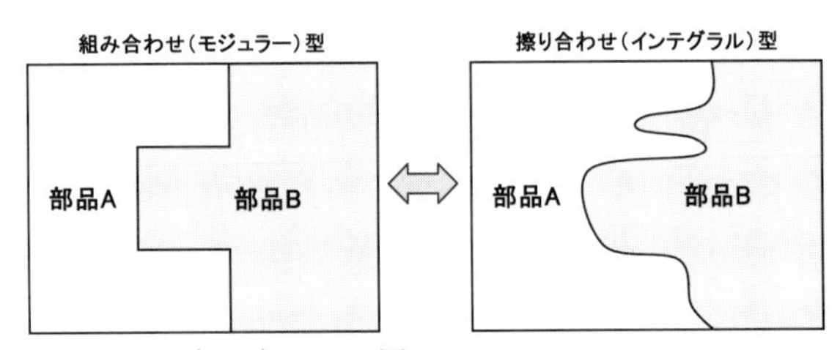

出所：延岡（2006）p.74、図3.2。

図１－５　製品アーキテクチャの部品間特性

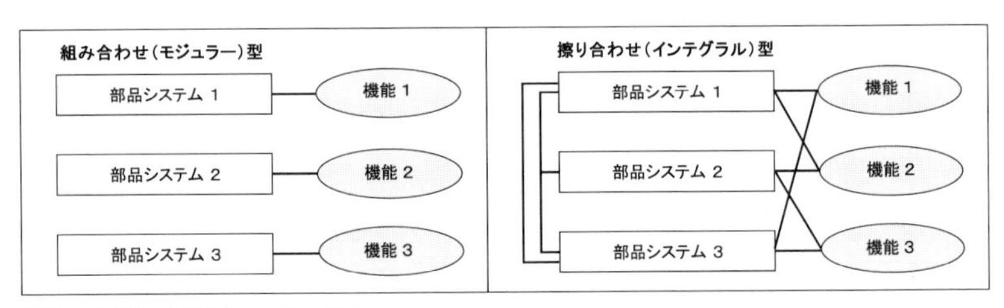

出所：延岡（2006）p.79、図3.5。

図１－６　部品システムと機能の関係

藤本（2001）によれば、擦り合わせ型製品は各部品の設計者が相互に設計の微調整を行い、緊密な連携をとる「擦り合わせの妙」で製品の完成度を競うのに対し、組み合わせ型製品は、部品間の擦り合わせの省略により「組み合わせの妙」による製品展開を可能とするものである(31)。そして、日本企業はインテグレーション（統合）の組織能力に長じており、自社の組織能力の強みが「擦り合わせ」の能力であるとしている。また、新宅（2007）は、インテグラル・アーキテクチャの製品で分業特化を進めれば、連携が不完全になり、競争力を持った製品の開発は望めないとする。さらに、擦り合わせ型に強みを持つ企業は、組織文化、組織構造、報酬などの制度がインフラとなって連携活動を推進し、その結果としての擦り合わせの組織能力を蓄積したものと見ている。一方のモジュラー型に適した組織の基本は、完全な分業特化によって個々の利益で動く組織であるとし、そのため、モジュラー型による成功は、組織の制度設計さえ誤らなければ比較的容易であるとする(32)。

また、藤本（2007）は、「ものづくり」の定義を広義に捉え、人工物によって顧客満足を生み出す企業活動の総体とし、「人工物」の定義を「あらかじめ設計

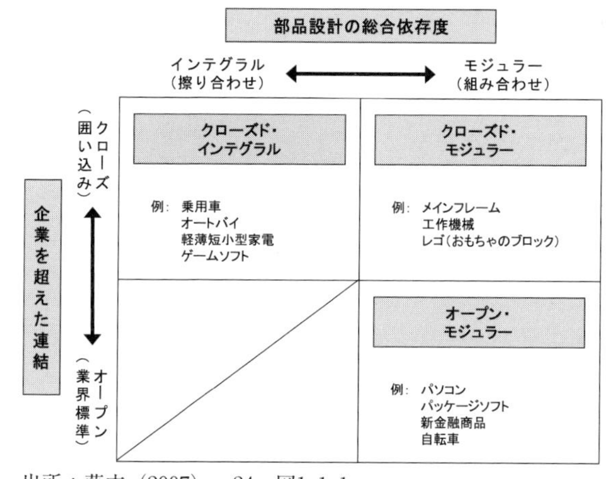

出所：藤本（2007）p.24、図1-1-1。

図１－７　アーキテクチャの分類と製品類型

されたもの」の総称として、金融商品やサービス業にアーキテクチャの概念をとり入れている。「ものづくり」の核心は「もの」というより「設計」であるとし、新しい設計情報を顧客まで届け、その設計で顧客を喜ばせることが、「開かれたものづくり」の要諦であると説明している。加えて、顧客へ向かう「設計情報の流れ」に関わる全ての活動（開発・生産・購買・販売）をすべて「ものづくり」の範疇に入れ、物財（製造業）であろうとサービスであろうと、等しく「ものづくり」であるとしている。そして、サービス業における設計情報の基本特性から、設計情報を媒体に転写して顧客に発信するという点で、物財もサービスも基本的には同じであり、製造業の分析と同様に「アーキテクチャ分析」が適用できるとする。そのサービスが顧客に提供する機能と、それを実現するサービス活動（プロセス）の諸要素を、それぞれ事前に設計した場合、それらサービス機能要素とサービス活動要素の関係について、「サービスのアーキテクチャ」が定義できるとする。したがって、サービスのアーキテクチャとして、機能要素群と活動要素群が１対１の関係であれば「モジュラー（組み合わせ）型のサービス業」であり、多対多の複雑な関係であれば「インテグラル（擦り合わせ）型のサービス業」であると論じている[(33)]。

図１－７は、藤本（2007）によるアーキテクチャの分類を示したものである。製品アーキテクチャの概念である「擦り合わせ（インテグラル）型」と「組み合

わせ（モジュラー）型」の分類に、「複数企業間の連携関係」という軸を加味すると、「オープン型」と「クローズ型」というもう一つの分類ができる。「オープン・アーキテクチャ」の製品は、基本的にモジュラー製品であり、さらにインターフェースが企業を超えて業界レベルで標準化した製品である。デジタル製品のパソコンやパーツが流用できる自転車などが代表的であり、企業を超えた「寄せ集め設計」が可能なため、異なる企業から部品を集めて組み立てれば、複雑な「擦り合わせ」なしに製品がつくられる。他方で、「クローズ・アーキテクチャ」の製品は、モジュール間のインターフェースの設計ルールが、基本的に一社のなかで閉じているものをいう。基本設計部分は一社で完結する自動車（乗用車）やオートバイが代表的であり、クローズ型かつインテグラル型の典型である。また、モジュラー型だがクローズ型アーキテクチャである製品群もあり、工作機械類やおもちゃの「レゴ（ブロック）」が該当する[34]。

本研究における化粧品では、メーカーやブランドによってOEM製造や原料の広範囲な調達などが行われており、オープン・モジュラー型での水平分業がなされている。また、M&Aによるブランド買収も頻繁に行われていることから、オープン・モジュラー型での製品展開を議論することが可能である。また、日本の制度品メーカーでは、生産・販売面での垂直統合や、自社生産の内製をアピールして指定業者を絞り込む傾向もあることから、クローズド・インテグラルの製品展開を適用できるであろう。

図1-8は、アーキテクチャに基づいて企業のポジショニングの特性を捉え、アーキテクチャを二つの軸によるマトリックスで示したものである。内部構造のインテグラル型とモジュラー型の分類と、その流通する市場がインテグラル型なのかモジュラー型なのかによって分類している。新宅（2007）は、「アーキテクチャのポジショニング戦略」として四つの基本ポジションを示している。図上ではそれぞれのポジションに有効な戦略が示されており、右上のポジションではブレーキなどの特殊な自転車部品を、右下のポジションではデスクトップ・パソコンなど、左上は自動車部品、左下は受注生産の工作機械などをイメージしている[35]。

化粧品においても、カウンセリング販売と通販やドラッグストアなどでのセルフ化粧品という販売形態から、販売される市場はインテグラル型とモジュラー型を想定できる。さらに、カウンセリング分野においては、超高級ブランドのよう

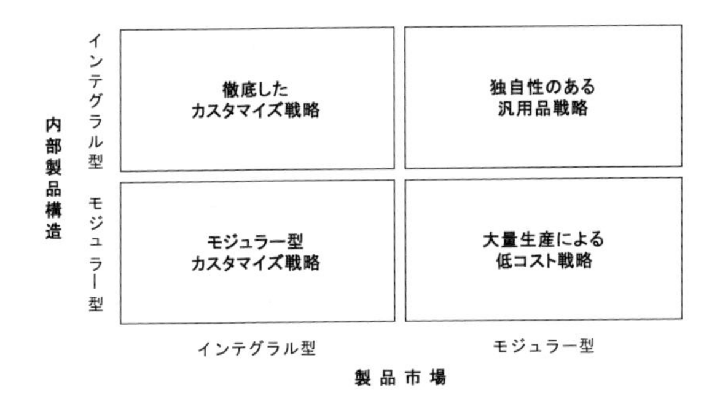

出所：新宅（2007）p. 46、図1-2-5。

図1－8　アーキテクチャ・マトリックス

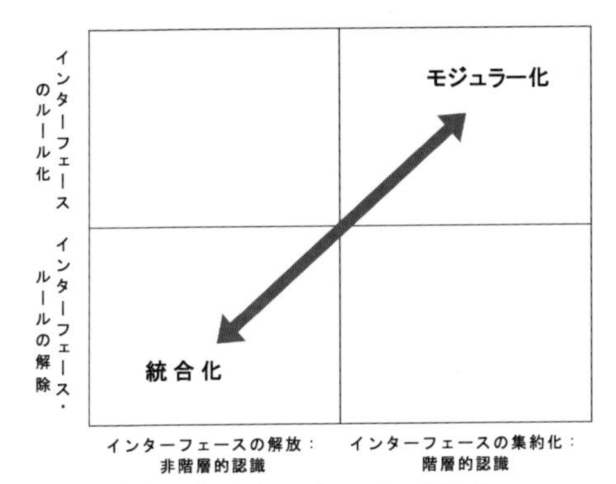

出所：青島・武石（2001）p. 39、図2-2。

図1－9　モジュラー化の次元

に顧客カルテや専属担当者といったカスタマイズが行われる化粧品、一見客を対象にカウンセリングを行う汎用性の高い化粧品に分けられる。また、セルフ分野においても、マスマーケット向けに量産と量販体制によって低価格を売りにし、OEMやODM委託によって製造元が明確でないブランド、セルフではあるが一定の情報提供がされ自社生産による高品質が保証されるブランドに分けることも可能である。これらのアーキテクチャのポジショニング戦略は、細分化した一定の枠組みによって化粧品ブランドへの援用も可能といえよう。

図1－9は、青島・武石（2001）によるモジュラー化の要素としてのインターフェースの集約化とルール化を、二つの独立した次元で捉え図示されたものである。第一の要素としてインターフェースが集約化・階層化し、次の要素としてイ

ンターフェースが固定化しルール化されることでモジュール間の相互依存関係は低減され、モジュラー化が進んでいくというものである[36]。本概念は標準化の一つの要素として、化粧品メーカーにおけるブランドの展開を、各ブランド間や親ブランド（コーポレートブランド）との間での、インターフェースの関係を判断する際に用いることが検討できる。親ブランドとの間に複雑な干渉関係を有するのであれば、インターフェースの集約化が進んでおらず、親ブランドと単純な関係にあれば、インターフェースが集約化されているとの定義づけも可能である。さらに、製品ブランド間での独立性や一定のルール化の有無によって、インターフェースのルール化の判断も検討できるものと考えられる。これらを化粧品ブランドに適用することで、モジュラー化、統合化の分類を考察していくことが可能であろう。

そのほかに、臼杵（2001）は、金融業のプロセスにおいてアーキテクチャの理論を展開しており、金融商品の売買の成立を「接合（合成）」として、売買当事者の合意のルールの標準化に着目し、金融商品のインターフェースのモジュラー化を論じている。そのなかでは、日本における旧来のメインバンク取引を、クローズでインテグラルな取引関係として例にあげ、金融自由化によって、金融商品が本来持っているモジュラー化や取引関係のオープン化が顕著となったことを論じている。また、武石・高梨（2001）は海運業のコンテナ化に至るプロセスを、アーキテクチャの概念からモジュラー化として説明している。従来型の在来船における積み荷の混載は、個々の輸送ごとにその都度最適な積み方を追求する統合型（インテグラル型）の積載デザインが工夫されていた。コンテナ化によって相互のインターフェースは標準化され、海陸一貫の輸送を可能にすることで、輸送効率の向上やコストの低減、利便性の向上が実現されている。このことを、機能と構造に１対１の関係を割り振ったという点で、輸送システムをモジュラー化したものと捉えている。加えて、柴田・児玉（2009）は、企業システムの設計思想として「マネジメントアーキテクチャ」の概念を論じており、企業システムの最適化のための経営要素をアーキテクチャの概念で広範囲に捉えている。

これらの既存研究においては、無形のサービスやビジネス・プロセスが製品アーキテクチャの概念で説明されており、人工物の設計思想という概念から広義に適用されているものである。この概念を適用すれば、「ブランド」も人工物としてあらかじめ設計されたものであり、ブランドは有形、無形の製品やサービスに結びついて機能していくものといえ、ブランドを製品アーキテクチャの概念から検討することも可能であろう。それは、個別の製品ブランドが各セグメントにポジショニングされ、各ブランドがブランド・ポートフォリオ上でその役割を与えられることで、企業のブランド・ポートフォリオが完成するという解釈である。企業にとって最も効率的であり効果的なポートフォリオの理想形が、すなわち、ブランド・ポートフォリオの最終完成形であり、それが「ものづくり」における最終製品が消費者に提供される段階といえる。そのように仮定した場合に、各製品ブランドをものづくりの部品として理解し、その集合体を企業の有する全体のブランド構成としての最終製品と想定することで、ブランドへの製品アーキテクチャ論の援用が可能といえよう。そして、最終製品としてのブランド・ポートフォリオの完成形は、最終製品の性能評価と同様に企業の業績によって評価されることとなり、部品と完成製品の関係で説明することができるものである。

6. グローバル・ブランド

グローバル・ブランドについては、Aaker et al.（2000）によって、ブランド・アイデンティティ、ポジション、広告戦略、パーソナリティ、製品、パッケージ、外観、使用感などに関して、世界的に統一されたブランドであると定義されている。また、グローバル・ブランドにとって重要なことは、すべての市場で機能するポジションを見つけることであると論じている。Aaker et al.（2000）は、VISAやソニー、マクドナルド、ナイキ、ディズニーなどをグローバル・ブランドの例としてあげている。しかし、マクドナルドなどのブランドについては、一般的な考えほどに世界的な統一感があるわけではないとし、国によって異なる味付けを加え、地域の文化に合わせた広告が行われるローカライズの状況を指摘している。そのようなグローバル・ブランドの地域別対応の違いはあるが、プロモーション活動におけるコスト面での規模の経済性など、グローバル・ブランドは多くの優位性をもたらすとする。また、グローバル・ブランドは本質的に管理が容易であり、ブランド・マネジメントにおける基本的な課題は、明確に表現されたブランド・アイデンティティを確立し、それにすべてのブランド構築活動を適用させる方法を見つけることであると論じている。一方でAaker et al.（2000）は、最高級であったり、アメリカ的であったり、あるいは強い機能的便益を持っていることが、必ずグローバル・ブランドになれるわけではないとする。それは、規模の経済や範囲の経済が現実には存在しない場合があること、仮にグローバル・ブランドを支える戦略が存在したとしても、それを理解し実践することができないかもしれないこと、各国市場間に根本的な差異がある場合にはグローバル・ブランドは最適ではないことの三つをあげている。そして、優先すべきことは、グローバル・ブランドを開発することではなく、グローバル・ブランド・リーダーシップを開発することであるとする。このグローバル・ブランド・リーダーシップとは、効果的で先見性のあるグローバル・ブランド・マネジメントを実践し、全ての国の市場において強力なブランドを確立することである。ブランド構築に必要な資源をグローバルに配分し、シナジー効果を生み出し、各国の戦略を調整・強化するためのブランド戦略を開発することが重要で、そのためには、人材やノウハウ、文化、組織構造をグローバルな視点で活用しなければならないと説明している。また、効果的なグローバル・ブランド・マネジメントは、グローバルな視野から機会を判断し投資を行わなければならず、グローバル・ブランド・マネジメントの一つの課題は、ブランド構築の投資費用等のシナジー効果を実現することであると論じている[37]。

Keller (2007) は、グローバルなブランド・エクイティを構築する際には、市場セグメントごとに見合ったマーケティング・プログラムが必要であるとする。それは、個々の市場での消費者行動とブランドについての知識や感情を把握すること、ブランド要素[38]の選択、マーケティング活動の性質や二次的連想の活用を通して、適正にプログラムを修正することであるとする。また、グローバルなブランド・エクイティを構築するもう一つの方法として、二次的なブランド連想の活用は、国が違えば異なる意味合いを持つ可能性があり、国ごとに変える必要性が最も高いと論じている。また、グローバルなブランド・エクイティを構築しようとする際に、最も難しい要素の一つとしてブランドを導入する順序をあげている。新規市場で製品を展開するときに、本国での製品導入の順序をそのまま再現することはあまりなく、自国内の市場では長い時間をかけて順次導入するのに対し、海外市場では複数の製品をほぼ同時に導入すると説明している。そして、市場が変わった場合でも製品に変更がなければ、基本的なブランドのパフォーマンスの連想をそれほど変化させる必要はないが、ブランドイメージの連想は大きく異なる可能性がある。グローバル・ブランド戦略の課題は、多様な市場に合致するようにブランドイメージを洗練させることであるとし、ブランドの持つ歴史や伝統は、本国市場では豊かで強力な競争優位性になるが、新規市場では存在しない場合があると指摘している[39]。

松浦（2014）は、グローバル・ブランドの一般的な定義として、「グローバル市場で展開されるブランド」または「世界の多くの国や地域において認知、販売されているブランド」と広義の意味を説明している。また、厳密に捉えると、現実的にはグローバル・ブランドといわれているブランドであっても、その統一性はまちまちであることを指摘している。そして、Aakerのグローバル・ブランドの概念を踏襲する考えに立っており、少なくとも、ブランド名とロゴ・シンボルを含めたブランド・アイデンティティの統一は、グローバル・ブランドに必要な絶対的条件であると述べている。ブランド・アイデンティティは、ブランド戦略の基礎となる最も重要な要素であるとし、松浦（2014）によるグローバル・ブランドの定義として、「同一のブランド名と同一のブランド・アイデンティティの下でグローバル展開しているブランド」と定義づけている。また、ブランド・アイデンティティを統一化することによって、ブランディングに関わるブランド・チームが世界中で同一のブランド・アイデンティティを共有することができる。その結果、ブランドイメージの一貫性が維持できることで、ブランディング・プロセスが効率化しブランド・マネジメントは円滑となり、規模の経済性によりブランディングのコストが削減されるというメリットを論じている。さらに、グローバル・ブランドのアイデンティティに求められる要件として、「明確さ」「グローバルに適用し得る普遍的かつ本質的な価値」「ブランドの戦略的ビジョン」「ブランドの創業者や開発者のスピリットを反映」「独自性と差別性」「顧客の共鳴を獲得」をあげている[40]。

また、井上（2013）は、海外市場における戦略においては、世界的に市場導入され、多くの国や地域で認知、評価されるグローバル・ブランド（global brand）、ある1か国のみで市場導入されるローカル・ブランド（local brand）、ある地理的地域において市場導入されるリージョナル・ブランド（regional brand）に類型化している。そして、グローバルな製品ブランド管理の現状から、製品ブランド類型によって世界標準化と現地適合化のバランスが異なる可能性を指摘している。ローカル・ブランドやリージョナル・ブランドを配置する一方で、標準化寄りにグローバル・ブランドを配置することによって、主要な多国籍企業は全社的に標準化と適合化のバランスを図っていることを示唆している[41]。

これらの既存研究においては、グローバル・ブランド戦略の重要点として、ブランドイメージやポジショニングを中心に議論されており、ブランド・アイデンティティのグローバルな共通化が戦略の重要な要素とされている。また、グローバル・ブランドの概念に加えて、地域的なリージョナル・ブランドや、特定国の市場で導入されるローカル・ブランドとの比較と検討が、今後のグローバルなブランド戦略を考察するうえで重要といえる。

7．化粧品のブランド研究

化粧品のブランドとマーケティングに関する先行研究については、香月（2010）や張（2010)、櫻木（2011)、新倉（2013)、李（2014)、朴（2015）などがあげられる。これらの先行研究のうち、張（2010）と櫻木（2011）は資生堂のブランド戦略について、李（2014）と朴（2015）はアモーレパシフィックのブランド戦略について論じている。そのほかにも、Roll（2006、2015）によるアジア企業のブランド戦略研究のなかで、資生堂とアモーレパシフィックの戦略の事例がとり上げられている。

香月（2010）は、「化粧品ブランドの場合は、継続して使用することによって顧客の肌の状態の改善をもたらすという物理的部分と、そのブランドの持つイメージ・ステイタスという情緒的部分の微妙なバランスがある[42]」としている。また、化粧品ブランドにおける「物理的性能軸」と「情緒的満足度軸」の両方のファクターが交差したところが、その化粧品ブランドのポジショニングであると論じている。そして、化粧品ブランドの価値構造を段階的に示している（図１-10)。基本価値とは、美容液におけるヒアルロン酸の保湿機能であり、便宜価値とは、美容液（ナイトリペア）で考えると、その価格と小さなスポイトの付いた茶色の瓶のパッケージである。感覚価値とは、化粧品の瓶の形、フォルム、色彩、重さ、形状、材質の触感や中身の見せ方などの総合演出的な要素であり、観念価値とは、化粧品会社や商品のブランド価値であるとしている[43]。

さらに、香月（2010）は、ブランド・アイデンティティの製品、組織、人、シンボルの四つの要素[44]を化粧品ブランドに適用しており、ブランドの構築において明確に捉えやすくなると説明している。次の表１-２は、香月（2010）による

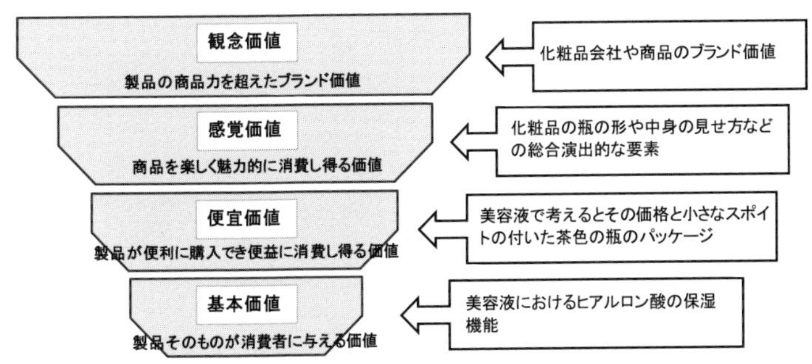

出所：香月（2010）p.190により筆者作成。

図1-10　化粧品ブランドの価値創造

表1-2　化粧品のブランド・アイデンティティの要素

要　素	項　　目
製　品	皮膚科学からもたらされる画期的な成分、中央研究所などの科学的イメージ、環境を考慮した自然成分、動物実験を行わないなどの企業姿勢、植物成分などの時代をとらえた研究開発姿勢など。
組　織	グローバル・ブランドとしての信頼性、国産ブランドとしての信頼性、全国的な販売網、高級化粧品としての限定流通、ビューティ・アドバイザーの質や教育システム、消費者のクレームへの迅速な対応、芸術や文化に対する貢献など。
人	イメージ・パーソナリティ、顧客イメージ、顧客ネットワーク、企業の創始者、現在の企業のトップなど。
シンボル	ブランドのロゴマーク、フラッグシップショップのイメージ、ユニフォームデザイン、ショッピングバッグのデザイン、製品のシンボルカラーや形状、カウンターデザインなど。

出所：香月（2010）p.196による。

四つの要素を一覧にしたものであり、化粧品のブランド・アイデンティティにおける「製品」「組織」「人」「シンボル」に分けて説明している。製品の項目では皮膚科学からもたらされる画期的な成分、中央研究所などの科学的イメージ、環境を考慮した自然成分などをあげており、組織の項目としては、グローバル・ブランドとしての信頼性や高級化粧品としての限定流通などをあげている。人の項目では、イメージ・パーソナリティや企業の創始者などを、シンボルの項目では、ロゴマークやフラッグシップショップのイメージなどをあげている。

また、香月（2010）は、Aaker（2004）による「ブランド・エッセンス[(45)]」か

表1－3　主要化粧品メーカーのブランド・エッセンス（香月による定義）

ブランド（化粧品メーカー）	ブランド・エッセンス
エスティローダー	「洗練（Sophisticated）」、「知的（Intelligent）」、「現代的（Modern）」
クリニーク（エスティローダー）	「無香料」、「シンプル」、「白」、「クリニック」
ゲラン（LVMH）	「最高の調香師」、「ゴージャス」、「成功した女性」、「フランスの伝統」、「高級」、「サロン文化」
シャネル	「パリ・コレからくるファッション」、「オートクチュール」、「ココ・シャネルのカリスマ性」、「モダンなデザイン」、「革新的」、「黒」、「鮮やかな色彩」
クリスチャン・ディオール（LVMH）	「フランスの伝統文化」、「パリ・コレ」、「伝統と現代性の融合」、「洗練されたデザイン」、「科学から生まれたスキンケア・テクノロジー」
資 生 堂	「芸術・文化の推進者」、「日本女性の象徴」、「最新のファインケミカル」、「伝統と近代の両立」、「美しい生き方」

出所：香月（2010）pp.199-200による。

ら化粧品ブランドを論じており、資生堂と欧米の化粧品ブランドのブランド・エッセンスを論じている（表1－3）。クリニークの「白」、シャネルの「黒」というカラーは、容器や店舗づくり、店頭でのユニフォームやプロモーションなどを含めたブランドイメージとなっており、ブランド・エッセンスの定義づけとして一般的に理解できるものである。そのなかで、資生堂をはじめとする日本のメーカーは、コーポレートブランドにおける製品のラインナップが広範囲であるため、総合メーカーとしてのブランド・エッセンスとして定義づけられている。

新倉（2013）は、化粧品のブランドを消費者行動研究の視点から、「トップ・オブ・マインド」となる各製品カテゴリーにおける第一位想起のブランドについて、消費者による化粧品のカテゴリー化とその構造について論じている。新倉（2013）によれば、消費者は自らの都合の良い論理によって、「自らの化粧品」という独自のカテゴリーを創造し、消費者による化粧品のカテゴリー化と、そこで機能する様々なカテゴリーの構造があることを提起している。消費者のこだわり（消費者関与）と自らの化粧品に対する詳しさという自負（消費者知識）が先導しながら、本人には気づきにくいその場の状況（コンテクスト）が加味されて「私の化粧品」というカテゴリーが創造されると示唆する。そして、「企業の論理を前提として小売店頭に並べられる化粧品は、消費者のこだわりや自負がなく、その場の状況が企業側に有利なものであれば、最後まで企業の論理で押し通すことができるが、消費者にこだわりや自負がある場合には事態は逆転する[46]」と論じている。これらの新倉（2013）の研究は、化粧品ブランドを消費者行動から論じたものであり、ブランド・アイデンティティの再認識とブランド価値の構築が消費者の視点から捉えられている。現在の化粧品市場において消費者の論理が優勢となりつつあることは、マクロ的な企業全体のブランド戦略を論じるうえで重要な要素といえる。

資生堂の化粧品ブランドの既存研究では、張（2010）の中国市場でのブランド戦略と、櫻木（2011）のブランド・ポートフォリオの視点からの研究に注目できる。張（2010）は、資生堂の国内マーケティングと中国市場での展開について論じており、「メガブランド戦略」と「中国専用ブランド」によるマーケティングの成功を論じている。資生堂における2005年から2007年の「メガブランド戦略」でのマーケティング改革によって、「集約したメガブランドはカテゴリーNo.1のブランドシェアの実績を達成し、消費者を引き付けるブランド力を構築できたとともに、企業内部の資源活用も促進した効果があった[47]」として評価している。また、張（2010）は、改革前の資生堂は売上を重視した結果、数多くのブランドをつくり出し、消費者の混乱を招いたために資生堂のブランド力は低迷したと論じている。ブランド数が多くなることで、マーケティング投資や店頭販売力などの経営資源を分散させ、企業内部の資源活用を阻害した結果、資生堂の収益悪化をもたらしたとしている。張（2010）によるメガブランド戦略の分析では、一点目として、消費者を引き付けるブランド力を構築し、企業内部の資源活用を促進する仕組みをつくり上げることができたとする。二点目としては、流通チャネルからの自発的な協力を得られた効果があり、メガブランドに投資した巨額の広告費によって、大型流通業者をはじめとする多くの流通チャネルの興味を引き付け、三点目として、最終的な収益性の改善効果をあげている。張（2010）の分析によれば、これら三点の効果によって資生堂の「メガブランド戦略」は大きく成功を収めたものと論じている[48]。

さらに張（2010）は、資生堂の中国専用ブランドによるマーケティング・パワーの構築をあげている。資生堂の中国市場におけるマーケティング戦略として、一番目に中国専用ブランドの育成に取り組んできたこと、二番目に、流通チャネルを効果的に組み合わせたことをあげている。中国の百貨店市場において中国専用ブランド「オプレ」を販売し、日本で培ったカウンセリング販売や接客方法を中国に移転することによって、中国市場における資生堂のブランド力をじっくりとつくり上げた。また、中国市場における少数精鋭のブランド展開をサポートしてきたのは、販売会社と卸売を組み合わせた流通体制である。プレステージ領域のカウンセリング化粧品は、ブランド価値を伝えやすい自社の販売会社を通し、マスマーケット向けのセルフ化粧品は、広範囲な販売網を有する一般の卸業者を利用している。この両方の流通チャネルを戦略的に組み合わせることで、従来の日本式販売を移植した流通と、現地卸業者によるマスマーケットでのスピーディな販売拡大という、チャネルの柔軟性が保たれていると論じている[49]。

櫻木（2011）は、資生堂の「市場カテゴリー戦略」と「メガブランド戦略」を検証し、「資生堂はブランド拡張型戦略でブランド・ポートフォリオ改革を行うことによって、収益性や市場シェアを改善した事例の一つである[50]」としている。まず、資生堂の2000年から2004年までの「市場カテゴリー戦略」によるブランド・ポートフォリオの改革について論じている。この戦略によって、主力ブランドを集中的に育成してブランド数を絞り込むはずが、新規ブランドの導入が続いてブランド数は減少するどころか増加の一途をたどった[51]。この後の2005年からはじまる「メガブランド戦略」については、張（2010）と同様にその収益性と市場シェアの改善効果を論じており、特に櫻木（2010）はブランド・ポートフォリオ改革の効果を指摘している。これは、「資生堂のブランド・ポートフォリオが整理されたことによって、相対的に消費者のブランド選択が容易になり、その結果として資生堂のブランドを購入する可能性が高まった[52]」ことを理由としている。

また、資生堂の事例分析から、国内化粧品市場では、個別ブランド型のブランド戦略よりも、ブランド拡張型のブランド戦略の方が有効に作用していることを指摘している。一般的に、細かなセグメントに対応することと、強固なブランドイメージを確立することはトレードオフの関係にある。細かなセグメントに対応する方法として、セグメントごとに異なる多数のブランドを導入するよりも、経営資源の集中化の観点から、一つのブランドから多様な製品を市場に投入するサブブランドによる拡張が望ましいとする。櫻木（2010）は、このブランド拡張戦略の重要性を主張しており、強固なイメージを有する製品ブランドの下にサブブランドを展開することで、サブブランドは資源を消費することなく製品ブランドのイメージを利用可能であるとする。同時に製品ブランドはブランドイメージを損なうことなく、サブブランドによって細かなセグメントに対応できると指摘しており、資生堂の事例からブランド拡張戦略の優位性を論じている。

Roll（2006）は、資生堂がアジア地域を越えたブランドとして評価され、さらに、欧米でのブランド買収によって新たな展開を図っている事例をあげている。Roll（2006）は、欧米ブランドを買収することにより、新たな「ノン資生堂ブランド」を日本に輸入販売することでの市場の拡大を重要な要素としている。市場での複数ブランドによる展開を資生堂の特徴として捉えており、西洋的科学技術と東洋的神秘性の融合や資生堂の独特なブランド・ストーリーを論じている。さらに、Roll（2015）における最近の研究においては、資生堂のブランド戦略において、東洋の「知と美」と科学技術の融合が維持されることを重視する一方で、欧米市場ではまだ強力なコーポレートブランドが築かれていないことを指摘している。資生堂ブランドはロイヤルティの高い顧客基盤によって支えられてきており、その独特なブランド・アイデンティティによって、欧米市場で強力なコーポレートブランドを開発していくことが長期的な戦略において極めて重要であるとしている。また、ブランドの評価を維持するうえで、個別ブランド戦略の構築によるリスク回避についても示唆している[53]。

次に、アモーレパシフィックのブランド戦略に関する先行研究として、中国市場でのブランド戦略を論じた李（2014)、および海外展開を考察したRoll（2015)、韓国内と海外市場に焦点を当てた朴（2015）の研究をあげることとする。

李（2014）は、アモーレパシフィックのグローバル戦略のなかで中国市場における戦略を中心に論じており、同社が中国市場を重要な市場として位置づけていることを説明している。その理由として、アモーレパシフィックの海外売上では中国市場が高い比率を占めており、中国市場の売上に占める比率が最も大きいこと、また、中国市場における化粧品需要の急速な成長や、中国市場のみが収益性が高いことをあげている。中国におけるアモーレパシフィックのブランド認知が最も高いものが「ラネージュ」と「マモンド」である。1993年の中国進出当初は、両ブランドともに主力ブランドとしていたが、「マモンド」の販路を十分に拡大できなかったために、2005年よりブランド・ポートフォリオにおける位置づけを高価格帯ブランドから中価格帯向けブランドへ変更した。李（2014）は、

2002年以降におけるアモーレパシフィックの中国市場での成功要因として、日本の資生堂をベンチマーキング（模倣）したものであるとする。しかしながら、資生堂が「オプレ」という中国における現地専用ブランドを有しながら、アモーレパシフィックでは中国のみで販売するブランドは有さず、現地でのオリジナルブランドの開発までは至っていない。李（2014）は、中国での現地オリジナルブランドの構築が、アモーレパシフィックの今後の課題であると示唆しており、アモーレパシフィックの中国市場での戦略を評価する一方で、ローカル・ブランドの欠如を指摘している。

Roll（2015）は、アモーレパシフィックのブランド戦略は個別ブランド戦略によるポートフォリオの構成であり、それはP&Gの経営理念に近いものであると評価する。プロモーション上でアモーレパシフィックの企業名を直接使用せず、アジア地域の海外市場において個別のブランド名で店舗を展開していることに注目しており、アメリカにおける百貨店志向での展開との違いを示唆している[(54)]。

朴（2015）は、アモーレパシフィックのブランド・ポートフォリオ戦略について、「スーパー・プレステージ」「プレステージ」「プレミアム」「マス」のマーケット別に分類して説明している。アモーレパシフィックではブランドの拡張と強化によって、ブランドイメージとブランド・コンセプトによるマーケティング戦略を巧みに展開し、既存ブランドを拡張できたものと指摘している。特に、メインブランドである「アモーレパシフィック（AMOREPACIFIC）」のブランドイメージの構築に際しては、テレビコマーシャルなどのメディア媒体によらない独特なプロモーションを展開したことをあげている。消費者向けイベントやクチコミ戦略を巧みに駆使し、アメリカでは高級百貨店への出店によってプレステージ領域を確立してブランド認知を拡大したことを説明している。また、アモーレパシフィックの主力五大ブランド[(55)]への重点戦略を論じ、ブランドごとの販売チャネル、生産体制、中国市場戦略についての特色を示し、現在までの戦略を評価している。朴（2015）は一方で、ブランド力が十分に備わっていない先進国市場においては、アモーレパシフィックの高級化粧品ブランドの市場浸透は難しいことを指摘しており、今後のプレステージ領域での展開が課題であるといえよう。

〈注〉

（1）　小川（2011）pp. 13-14。

（2）　Sherry（2005）邦訳書 p. 49、簗瀬（2007）pp. 1-2。

（3）　小川（2011）pp. 14-15。

（4）　小川（2011）pp. 16-18。

（5）　ブランド認知とは、ブランドに対する消費者の存在の認識のことである。

（6）　知覚品質とは、消費者が製品に対して認識する品質のことである。

（7）　ブランド・ロイヤルティとは、特定ブランドに対する消費者の忠誠心のことであり、継続してそのブランドを購買する程度を意味する。

（8）　ブランド連想とは、消費者がブランドについて想起する一連の連想のことであり、ブランドから自然に連想される、アイデンティティやイメージのことである。

（9）　Aaker（1996）邦訳書 p. 9。

（10）　Aaker（1996）邦訳書 pp. 12-32。

（11）　ブランド・パーソナリティとは、あるブランドに重ね合わせることのできる「穏やか」「優しい」「現代的」「古典的」などの人間的な性格や特徴のことをいう。

（12）　Aaker（1996）邦訳書 pp. 86-87、Aaker et al.（2000）邦訳書 p. 53。

（13）　Aaker（2004）邦訳書 p. 60 によるブランド関係チャートは、原著が発行された 2004 年（邦訳 2005 年）当時の企業名と製品ブランドによる関係を示している。

（14）　Aaker（2004）邦訳書 pp. 54-56。

（15）　ディスクリプターとはブランドに付加される機能の名称などであり、製品・サービスの内容を説明する役割を果たすものをいい、説明ブランドといわれる。

（16）　Aaker（2004）邦訳書 p. 330 より引用した。

（17）　Aaker（2004）邦訳書 p. 349 より引用した。

（18）　ここでのハロー効果は、製品を評価する際に、ある特徴的な一面に影響され、その他の側面に対しても同じように評価されてしまうこととして用いられている。心理学の用語での認知バイアスの一つであり、他の特徴についての評価が歪められる（バイアス）現象のことをいう。

（19）　徐（2010）pp. 57-58、pp. 76-77。

（20）　サムスンのブランド研究では、Temporal（2006）、Roll（2006）らによって、戦略のスピードやポジショニングの一貫性、改革の決定と組織力をブランドの強みとしている。LG のブランド研究では、Temporal（2006）によって製品の革新や積極的マーケティングが評価されている。

（21）　Kapferer（2002）邦訳書 pp. 16-17。

(22)　Aaker（2004）邦訳書 p. 15、pp. 18-41。

(23)　Keller（2007）邦訳書 p. 689。

(24)　回遊戦略とも称され、入門ブランドの製品から徐々に上級ブランドの製品へ、顧客が自社のブランド・ポートフォリオ内でスイッチしていく戦略。

(25)　Calkins（2005）のほか、同文献を引用した簗瀬（2007）を参考にした。

(26)　Kapferer（2002）邦訳書 pp. 290-291。

(27)　Porter（1985）邦訳書 pp. 3-4。

(28)　Porter（1985）邦訳書 pp. 15-16。

(29)　Porter（1980）邦訳書 pp. 56-63、Porter（1985）邦訳書 pp. 16-22。

(30)　Porter（1985）邦訳書 pp. 24-26。

(31)　藤本（2001）p. 5。

(32)　新宅（2007）p. 38。

(33)　藤本（2007）pp. 285-293。

(34)　藤本（2001）pp. 5-7。

(35)　新宅（2007）pp. 45-49。

(36)　青島・武石（2001）pp. 34-39。

(37)　Aaker et al.（2000）邦訳書 pp. 392-398。

(38)　ブランドを識別するための構成要素であり、ブランドネームやロゴ、シンボル、キャラクター、パッケージなどである。

(39)　Keller（2007）邦訳書 pp. 724-726。

(40)　松浦（2014）pp. 27-33。

(41)　井上（2013）pp. 71-72。

(42)　香月（2010）p. 189 より引用した。

(43)　香月（2010）p. 190。

(44)　Aaker（1996、2000）によって四つの要素が論じられている。

(45)　ブランドの持つ最も重要なものであり、そのブランドの価値を集約したものである。

(46)　新倉（2013）p. 194 より引用した。

(47)　張（2010）p. 189 より引用した。

(48)　張（2010）pp. 189-192。

(49)　張（2010）pp. 192-193。

(50)　櫻木（2011）p. 36 より引用した。

(51)　櫻木（2011）p. 40 によると、この時期の 5 年間で 26 の新規ブランドが投入されている。内訳は、個別ブランド型が 2000 年に 5 件、2002 年 6 件、2003 年

3件、2004年6件の計20件。ブランド拡張型（サブブランド）が、2002年の3件、2003年2件、2004年1件の計6件である。

(52)　櫻木（2011）p.48より引用した。

(53)　Roll（2015）pp.168-171。

(54)　Roll（2015）pp.187-188。

(55)　朴（2015）は、「雪花秀」「ラネージュ」「マモンド」「イニスフリー」「エチュードハウス」の5ブランドを、グローバル展開の主力五大ブランドと説明している。

第2章

日韓化粧品業界の概況

本章では、化粧品の歴史と文化的背景を示したうえで、近年の日本と韓国における化粧品市場と業界の動き、日本の資生堂や韓国のアモーレパシフィックの状況について、海外市場を含めた市場の特性と各々の業界の特徴について論じている。

1．日本と韓国における化粧品の文化的背景

（1）化粧品の歴史と社会的背景

化粧品（Cosmetics）とは、化粧の目的で使用される製品の総称であり、人の身体を清潔に保ったり、外見を美しくしたりする目的で皮膚等に使用するもののうち人体への作用が緩和なものをいう。具体的にはメイクアップ化粧品（口紅、ファンデーションなど）や基礎化粧品（化粧水、美容液、乳液などのスキンケア化粧品）、ヘアトニック、香水、シャンプー、リンスなどの広範囲に定義される。

化粧のはじまりは、古代の呪術や儀式において身体や顔面に模様などのペインティングを施したことにさかのぼり、古代エジプトの遺跡に見られる壁画や彫刻、副葬品からは、人々が目や唇に化粧をしていたことがわかっている。古代エジプトの時代では、目の周囲を色やラインで強調した化粧が行われており、ツタンカーメン王の黄金のマスクにおいても目の周囲にアイラインが見られる。当時の化粧は魅力的に見せるという効果の目的のほかに、化粧の成分による虫除け効果や紫外線対策の目的があったといわれている[(1)]。また、特権階級となった王族や神官たちは「白い肌は肉体労働をしていない証拠」として肌の白さを求め、鉛白[(2)]を使って肌を白く塗るようになった。肌は白ければ白いほど美しいとされており、白粉を多めにつけるような化粧方法が流行した。その後のヨーロッパでは、化粧文化はキリスト教の教えと「虚飾は罪である」という考え方により、公然と化粧をすることが禁じられていた。そのなかで、ヨーロッパの化粧品として日常的に用いられたのが香水であり、香りの種類は様々で香りは強いほどよいものとされ

ていた。当時のヨーロッパでは毎日入浴する習慣がなかったことから、その体臭を隠すべく、より強く刺激的な香りが好まれたようである。そして、当時の伝染病などを予防するためにも、香水の匂いが効果的であると信じられていたこともあり、香水は一般に普及することになった。

日本においては、「日本書紀」で儀式の際に顔に赤土を塗る習慣があったことが伝えられており、埴輪の出土品や古い絵画から化粧の習慣がうかがえる。日本における化粧の主流は、大陸文化の伝来とともにもたらされたといわれており、紅や白粉、化粧用の道具が帰化人によって持ち込まれた。白粉や香は遣隋使によって多くが持ち帰られ、7世紀末には日本で鉛白粉が最初に作られており、鉛白粉は「京白粉」として全国的に流通し鉛白による鉛中毒が表面化する1900年頃まで製造されていた。江戸時代中期頃までの化粧は、武家や貴族層を中心としており、武家社会の時代には「妻が家族以外の男性に肌を見せるものではない」という考えのもと、人前に出るときには白粉などで肌を隠すことがたしなみとされていた。江戸時代の中期以降には町人文化が盛んとなり、化粧も庶民の間に広がることになり、紅花を原料とした「紅」や、植物性のデンプン粉による「白粉」、鉱物性の鉛や水銀を原料にした「白粉」、化粧油などが商店で扱われるようになった(3)。当時の化粧には「身だしなみを整える」という意味合いもあり、人前に出るときや正装のときに用いられた。当時の化粧方法は、白粉を塗って唇に紅をさすというもので、歯を黒く染める「お歯黒」も行われていた。お歯黒は漆黒の歯を美しいとされていた理由のほかに、当時は歯磨きの習慣がなかったことから、虫歯予防や口臭予防の目的で行われていた。この「お歯黒」は、明治に入って「お歯黒禁止令」が出るまで続いていた(4)。

韓国の化粧文化は、三国時代(5)から存在していたといわれており、高句麗の古墳壁画に紅で頬に化粧をした女性が描かれている。高麗時代になると化粧文化は多様化し、当時の高麗女性は白粉と香油をよく使っていたとされる。李氏朝鮮時代には、儒教の影響もあって外面の美しさより内面の美しさを追求する化粧文化が発達したといわれており、女性は婚礼や儀式、特別な外出時のみに薄めの化粧をしたとされている。近代になってヨーロッパの化粧品が日本や清国を通じて輸入されるまでは、家庭で直接つくった化粧品が主流であり、一部の妓生(6)や医女などの職業女性を除いては、儒教文化の下で控えめな化粧が行われていた。

人は化粧をすることで、自分自身のコンプレックスとなる部分を隠し、ファンデーションなどを使うことで肌を美しく魅力的に見せることができる。特に現代の日本人にとっては、化粧をすることが「身だしなみ」との認識がある。1970年代頃からは、日本女性にとって化粧品は贅沢品から必需品へ変化しており、化粧品の大衆化や低年齢化が進むことで、化粧をするという行為は自身の満足度向上のためのみでなく、社会で生活していくうえで必要なマナーとして行われている(7)。そして、現代社会における化粧は、気を引き締めて適切な対人行動を生む快い緊張感をつくり出すことや、生活に対する満足感や自信を高めること、不安の軽減効果や主観的幸福感などの長期的で心理的な安寧をもたらす効果があるとされている。その他の調査においても、化粧をする目的として「人に良い印象を与えるため」「肌の色などの欠点をカバーするため」「男性から魅力的に思われるため」「仕事や立場上の理由」などが報告されている。現代社会においての化粧は、「必需品としての化粧」「身だしなみとしての化粧」「他者に見せるための化粧」という目的があり、化粧という行為はもはや特別なものではなく、日常的で社会的なマナーとしての意味合いが強いものである（柳澤・他、2014)。

（2）日本と韓国の化粧文化

韓国女性にとっての化粧は、他人を意識して自分をより魅力的に見せるという目的が強いといわれる。換言すれば、目的をもって見せる相手がいなければ化粧の必要がないともいえる。日本女性がマナーや身だしなみとして化粧をすることや、自分自身の気分転換や満足感を求めて化粧をする行動とは異なるものといえよう。日本人は必ずしも他人を意識しなくとも、日常的に化粧をする習慣があるともいえる。これには文化的背景も影響していると考えられ、日本では江戸時代中期には町人層の一般庶民向けの化粧品を扱う商店が存在しており、王族や貴族を中心としたヨーロッパの化粧文化より先進的であったともいえる。また、武家社会において妻は白粉で化粧をして他人に素顔を見せないというたしなみがあり、日本人にとっての化粧には、自己をアピールすることよりも素顔を隠す文化的側面があるのかも知れない。

日本人と韓国人の美意識や化粧行動は異なり、日本人は肌の美しさに注目するとともに、化粧は身だしなみであり、社会常識として認識されているのに対し、韓国人は顔をコミュニケーションツールと考えているといわれている。日本では「顔よりこころ」といわれているが、韓国では「こころの綺麗な人は顔も美しい」といわれ、逆にいえば「顔が綺麗な人はこころも美しい」とも理解することができる。これは、外見の形の美しさと内面の美しさを同一視している考え方であり、韓国では美を明瞭に外見や形に表すことを受容しているものといえる(8)。言い換えれば、美の目的のためには形を変えることも問題としない文化的背景があるともいえよう。

金・大坊（2011）による日韓の大学生を対象とした調査によれば、「日本人は他者を意識してだけでなく、化粧行動そのものを目的として化粧を行っているのに対して、韓国人は他者を意識し、他者から美しいというポジティブな評価を得るための手段として、化粧を行っている傾向にあると解釈できる(9)」とする。さらに、「韓国における形の美＝内面美という価値観や美しくあることは善とされ、そのためには様々な手段を用いて美しさという能力を高めるべきであるという価値観が浮き彫りになっている(10)」と論じている。化粧の方法についても、日本人は主張や感情の淡白さが化粧に表れ、韓国人は個性の強さや主張・感情が表れるともいわれている。韓国は儒教文化ではあるが、現代の韓国では女性が出世するための条件として、能力や努力に加えて容姿を重要と考える社会的背景もあり、韓国の女性にとっては日本よりも「見た目の印象」が重視されているといえる。最近の韓国における大学生の就職活動では、履歴書に貼る写真ひとつにおいても「美しさ」が重要視されており、見た目の容姿の良さを競う動きは、「美容大国」といわれるまでになった現在の韓国を象徴しているものといえよう。

2．日本の化粧品業界

（1）日本の化粧品市場と業界の動向

近代の日本の化粧品製造は、1872年の資生堂薬局の創業にはじまり、1929年にはポーラ化粧品が訪問販売を開始し、1937年には鐘紡（カネボウ）に化粧品部門が創設された。さらに戦後の1946年には小林コーセー（現コーセー）が創業して、現在の国内大手メーカーの起源となり、その後の新規参入や従来からの伝統的化粧品メーカーを加えて、1960年代に国内化粧品市場は大きく成長していった。

日本国内の化粧品市場は、2013年で2兆3200億円(11)であり、化粧品のカテゴリーは、スキンケア化粧品、メイクアップ化粧品、ヘアケア用化粧品、香水、特殊用途化粧品（日焼け止めなど）に区分される。日本の国内市場では、スキンケア化粧品のシェアが最も高く、商品種類別では、化粧水、ファンデーション、美容液の順に需要が多い。日本の多くの化粧品メーカーは、スキンケア化粧品の評価でブランドの評価を得ており、古くからの制度品メーカーである「資生堂」「カネボウ」「コーセー」においても、スキンケア化粧品を中心とした商品展開をしている。

日本の化粧品業界には独特の流通システムがあり、「制度品」「一般品」「訪問販売」「通信販売」「業務用」に流通チャネルが区分されている。制度品の流通は、化粧品メーカーが直接または自社の販社経由で契約を交わした小売店（化粧品専門店）が販売する流通システムであり、卸・問屋を通さずに販売する形態である。1923年の資生堂による「チェーン店制度（連鎖店制度）」にさかのぼり、契約した小売店を「チェーン店」と呼んでいる。化粧品メーカーはチェーン店に対し、店舗の作り方や陳列方法などを指導するとともに、什器類や販促品を提供し、美容部員（ビューティ・コンサルタント）を派遣するなど、自社独自の販売スタイルを末端の小売店まで徹底させている。また、百貨店においてもこれらの制度品を扱い、化粧品メーカーは自社の専用店舗を出店し、ビューティ・コンサルタントを派遣してカウンセリング販売を行う強力な販売体制を有している。

日本の古くからの化粧品メーカーにおける販売の中心であった制度品チャネルも、時代の変遷とともに変化している。現在は、消費者が自ら選ぶセルフセレクションの低価格帯ブランドが増加傾向にあり、ドラッグストアやコンビニエンスストア、量販店、インターネット販売などのような新たな流通チャネルが生まれ、化粧品を扱う流通チャネルは多様化しつつある。制度品システムは強固な流通システムであったが、1997年に化粧品の再販価格維持制度が撤廃され、ドラッグストアや量販店での値引き販売が常態化したことで、従来型の化粧品専門店の業績は低迷することになる。

流通制度の一つである「一般品」は、化粧品メーカーの自社系列の販社でなく、一般の卸・問屋を通じて小売店へ販売する流通チャネルである。この流通制度は、他業界でよく見られる一般的な流通制度といえる。制度品に比較すると、メーカー側が小売店をコントロールできないが、美容部員の派遣や販売支援によるメーカー側の販売コストは軽減され、卸業者の販売網を利用して不特定多数の多くの消費者を対象とできることから、低価格帯のセルフ商品を大量販売するのに適している。これまでに新規参入をしてきた花王[(12)]やライオン[(13)]などのトイレタリーメーカーや、ロート製薬[(14)]などの製薬会社は、一般品の流通チャネルに販売を拡大していった経緯がある。

もう一つの流通チャネルである「訪問販売」は、国内では1929年創業のポーラ化粧品による採用が最初である。化粧品の訪問販売は、アメリカのエイボン社（1866年創業）が開始した販売システムである。現在のインターネットや物流が進歩する以前では、販売員が化粧品を自宅まで届けてカウンセリングするメリットを有し、ほかにもメナード化粧品やナリス化粧品、オッペン化粧品などが代表的である。また、異業種からの新規参入も多く、ヤクルト化粧品やミキモト化粧品などが訪問販売を中心としている。しかしながら、従来型の訪問販売のスタイルは低迷しており、専業主婦層の減少により女性の在宅率が低下したことから、インターネット販売などの通信販売に移行しつつある。

現在の流通形態で注目できるのは「通信販売」であり、インターネットの普及によって拡大している。また、商品がメーカーから直接販売されるケースが多いことから、販売会社や卸・問屋を介さずに商品を販売できることで中間コストが削減される。現在は、インターネットのほか、コールセンターによる電話注文など、365日・24時間体制での受注も可能となっており、女性の社会進出に合わせた新たなチャネルとして拡大している。通信販売では、DHCやファンケル、再春館製薬、ドクターシーラボ、オルビスなどが著名であり、2000年代から国内大手の制度品メーカーのシェアを奪うように成長してきた。

「業務用」では、理容店、美容室、エステサロンなどの業務用として販売され、なかには美容室等の店舗での販売品として扱われている。業務用では、ロレアルやミルボン、ウエラなどの化粧品メーカーがあり、プロ向けとして販売先が限定された市場でもあることから、全体的なシェアは高くない。

現在みられる国内の流通チャネルは、従来の単一チャネルから他のチャネルへ進出するマルチチャネル化が進んでいる。古くからの制度品メーカーが、一般品や通信販売のチャネルに進出することや、訪問販売を中心としていた化粧品会社が一般品や通信販売のチャネルへとシフトしている。販売コストや販売システムの構築面では、通信販売や既存の卸会社を利用した一般品への参入は比較的容易であり、インターネット通販の市場が拡大している。制度品メーカーである資生堂は、インターネット通販で「草花木果」を展開しており、2011年頃までコンビニエンスストア向けに「化粧惑星」ブランドを展開していた。コーセーでは、コンビニエンスストア限定ブランドの「雪肌粋」などを有している。また、訪問販売大手のポーラは、セルフ商品の一般品やインターネット通販、実店舗による販売を展開している。このように、従来の主力であった流通チャネルを超えて、マルチチャネルでの販売に移行しており、制度品や訪問販売のチャネルから、インターネット通販やドラッグストア、コンビニエンスストアの流通チャネルへの進出が目立っている。

（2）資生堂の状況

資生堂は、創業者である福原有信が、1872年に西洋薬舗会社「資生堂」を開業したことにはじまり、それと同時期に洋風調剤薬局「資生堂」を創業した。創業者の福原有信は、薬局の経営と同時に新商品の開発と新規事業への取組みに意欲を見せ、1888年には「福原衛生歯磨石鹸」を発売し、1902年には現在の資生堂パーラーとなる「ソーダファウンテン」を開業している。1897年に化粧品事業に着手し、代表的な商品である化粧水の「オイデルミン」やふけ取り香水の「花たちばな」、改良すき油の「柳糸香」を発売した。1915年に資生堂の経営を子息の福原信三に引継ぎ、次第に事業の主軸は医薬品から化粧品へ移行されていった。この頃に現在まで続く商標の「花椿」が制定されている[15]。

1922年に資生堂は合資会社に改組され、1923年頃から販売店に定価販売を義務づける「チェーンストア制度」を導入している。1927年には株式会社資生堂として改組され、全国の都道府県単位で「販売会社制度」を設立し、独自の強力な販売組織を戦前の時期に確立した。また、1934年からは、ミス・シセイドウ（販売部員）を配置し、1937年には顧客組織である「花椿会」を発足させ、独自の販売体制によって、昭和初期の段階で日本の代表的な化粧品メーカーとしての基礎を固めている。

戦後の復興期を経て、1960年代の高度経済成長期には商品も充実し、1961年に「プリオール化粧品」、1963年に「スペシャル化粧品」、1967年から1969年には男性化粧品の「MG5」「ブラバス」が発売された。1972年には現在までチェーン店の主力商品となっている「ベネフィーク」が発売され、この時期に資生堂の経営基盤が強化されている。

また、事業の多角化として、1980年代にトイレタリー部門が新設され、さらに食品事業部が発足している。1987年には医薬品業界に再参入し、「化粧品」「トイレタリー」「食品」「医薬品」の多角化された事業がこの時期に展開され、そのブランドも多くの数を有することになった。資生堂の国内シェアは1980年代に高まりをみせ、同時期に、アジアや欧米においてもグローバル・ブランドとして評価されはじめている。国内のバブル経済とともに、多角化された資生堂ブランドが内外に飛躍していった時期ともいえる。

1980年代から90年代にかけて拡大を続けていった資生堂は、バブル経済崩壊後の国内経済の低迷などの影響もあり、90年代中盤から業績に変化が生じ98年には減収・減益の厳しい状況を迎える。これまでの成長重視の戦略の結果、営業部門での押し込み販売もあって国内外で大量の在庫が発生し、収益性の向上を視野に「ブランド戦略の革新」と「コア事業のさらなる構造改革」を柱とする計画に見直された。国内外を融合した新たなブランド戦略を展開し、M&Aの積極的な推進を含めたグローバル市場での成長を目指すことになった。この時期までマルチブランド化してきた資生堂グループのブランド展開には、「資生堂ブランドとは何か」という大きな問題を抱えていた。欧米の高級ブランドと比肩するプレステージブランドの高級化粧品から、マスマーケット向けのシャンプーまで資生堂ブランドで展開していたために、「資生堂ブランド」の位置づけが明確でなくなってきたものであった。この時期にとられた戦略が「out of 資生堂ブランド」による資生堂ブランドからの切り離しであった。「イプサ」「アユーラ」などの「out of 資生堂ブランド」は資生堂の名前を出さず、企画・製造から販売までを別会社化して流通体制も既存チャネルから自由度を増したブランドである。また、同時期にチャネル別ブランド展開やチャネル専用ブランドが開発され、製品ブランドと販売方針において店舗や小売業態に合わせてすみ分けを行った。その結果として資生堂は多くのブランドを開発し、マルチブランド戦略の名の下に多数のブランドが増加していく結果を生むことになる(16)。

資生堂の近年の動きとして、基幹ブランドへの集中的なマーケティング投資があげられる。資生堂は2000年から2004年までの経営改革で「市場カテゴリー戦略」を実行し、国内化粧品市場の流通・競争環境の変化への対応により、ブランド・ポートフォリオの改革に着手した。2001年には、それまでに100以上に増加したブランドを集約し、高価格帯と中価格帯を中心としたカウンセリング領域で20ブランド、低価格帯を中心とするセルフセレクション領域で15ブランドの計35ブランドを主力ブランドとした。しかしこの間にも、主力ブランドに指定したブランド以外の新規ブランドが導入され、結果として2004年までに、ブランド数は減少するどころか増加の一途をたどっている。不完全なままに終わった改革によって、同時期の資生堂の市場シェアや業績は低迷を続けており、2005年からの次の「メガブランド戦略」へとつながっていく。

櫻木（2011）を引用すると、資生堂はこの時期の「ブランド数増加による負のスパイラル」に対応すべく、2005年から2008年にかけて育成ブランドを35から27に絞り込み、メガブランドの6ブランドに特に注力する戦略をとっている。市場を価格帯と用途（スキンケア・メイクアップ）で分割してセグメントし、自社ブランドを「顧客接点拡大ブランド」と「顧客接点深耕ブランド」の二つに分類している。この時期に国内シェアは顕著な回復を見せており、市場シェアの増加はブランド・マネジメントの優劣によって説明できるとし、ブランドの統廃合による大型ブランドの投入戦略で成功を果たしたと論じている。これは、資生堂が2000年頃までにブランド数を多く抱え、各ブランドの管理コストが膨らむことで収益性や焦点が絞れなくなっていたことが説明できる。選択と集中の効果が、マーケティング費用の削減とコスト効率化につながったものと推察できる。

さらに資生堂は、六つのメガブランドとともに、五つのリレーショナルブランドを二本の柱として資生堂の経営資源を集中的に注いでいくことで、マーケティング効率をさらに高めようとした。山本（2010）によれば、資生堂のメガブランドとは、マスマーケティングにより広い認知と購買を促す大型ブランドで、これを資生堂は「顧客接点拡大ブランド」と位置づけている。様々な顧客接点でのブランドの露出を高め、多くの消費者に、資生堂の商品に共通するコンセプトや価値に親近感を持たせる戦略である。また、リレーショナルブランドとは、より深い関係性を築き続けていくための「顧客接点深耕ブランド」と位置づけられる。これは高価格帯市場に販売チャネルを限定し、カウンセリングを通じて顧客との関係性を深めていくブランドを指している。ここでは、顧客との強い絆によるブランド・ロイヤルティまたはブランド・コミットメントを高め、資生堂の本来の強みを生かした戦略としている。確かに、1980年代から1990年代にかけて、資生堂の商品開発においては「ブランドの乱発」が行われていた。これは多様化する顧客ニーズと、流通チャネルの変化に対応するために、カテゴリーを問わず、ブランドを専門化、細分化して総合力で競争するという戦略であった。その結果

表2-1　資生堂のメガブランドとリレーショナルブランド

メガブランド		リレーショナルブランド
ブランド名（6ブランド）	発売時期	ブランド名（5ブランド）
マキアージュ（MAQuillAGE）	2005年8月	クレ・ド・ポー ボーテ (clé de peau BEAUTÉ)
ウーノ（uno）	2005年8月	&フェイス（& FACE）
アクアレーベル（AQUALABEL）	2006年2月	ベネフィーク（BENEFIQUE）
ツバキ（TSUBAKI）	2006年3月	リバイタル グラナス（REVITAL GRANAS）
インテグレート（INTEGRATE）	2006年8月	d プログラム（d program）
エリクシール・シュペリエル (ELIXIR SUPERIEUR)	2006年9月	

出所：櫻木（2011）、山本（2010）により筆者作成。

として、多数の各ブランドが吸引力を弱め、ブランドの区別もつきにくい状況を生んだ。それは、管理や経営資源の投下の意思決定が困難になるという事態を生んだものである。

メガブランド戦略は、2005年の「マキアージュ（MAQuillAGE）」の発売が第一弾となり、続いて男性化粧品の「ウーノ（uno）」、2006年に「アクアレーベル（AQUALABEL）」、ヘアケア製品の「ツバキ（TSUBAKI）」、セルフメイクアップ化粧品の「インテグレート（INTEGRATE）」、スキンケアの「エリクシール・シュペリエル（ELIXIR SUPERIEUR）」が続いた。そして、外資系企業との激しい競争下にあったトイレタリー分野においても、洗浄3分野（シャンプー・リンス、ボディソープ、洗顔料）に集中することを決定している。これによって、2006年末にはブランドの撤退や集約がほぼ完了することになった。その後のブランドの育成においては、それまでのターゲットを絞り込む「セミフルカバレッジ戦略」から、すべての顧客をターゲットにする全方位型の「フルカバレッジ戦略」に移行することで、投資の分散を解消し、各カテゴリーのメガブランドに対する効率的な投資環境を整えることになる。メガブランド戦略の大きな特徴は、数あるブランドの中から選りすぐりのものを「選択」し、選択したブランドに「集中」することである（山本、2010）。表2-1において、メガブランド戦略とリレーショナルブランド戦略の各ブランドを示している。

櫻木（2011）や厳（2006）によると、2000年以前の資生堂のブランド数は過剰であり、各ブランドの収益性や焦点が絞れなくなっていたなかで、消費者の側でも混乱していたことが指摘できる。しかしながら、資生堂が個別の製品ブランド戦略で失敗したというよりは、チャネルの環境変化が大きいものと指摘できる。化粧品の販売チャネルは1980年代から90年代にかけて、再販価格維持制度の流れをくむ自社チェーン店による制度品販売チャネルから、スーパーなどの量販店、コンビニエンスストアやドラッグストアの新チャネルの登場、インターネットによる無店舗販売に多様化していった。資生堂は自社の制度品チェーン店組織を維持しつつ、新たなチャネルに対応してきたことが推察できる。この時期のブランド戦略は、顧客ニーズへの対応以上に、従来の制度品チャネルと新チャネルの併行戦略の下で、ブランド数の極端な増加を招いたものと指摘する。そのために、2000年当時の資生堂の100を超えるブランドは、櫻木（2011）が論じているような顧客ニーズに対応したセグメンテーションの産物ではなく、販売チャネルの変遷に伴う産物であるといえる。

また、資生堂の基本的な各製品展開は、同社が国内で持つ高評価の企業ブランドの価値の上に立脚したものであり、実際に資生堂の各製品ブランドには、資生堂のコーポレートブランドが併記されているか、または有効なエンドーサーとして保証されているものである。「資生堂」というコーポレートブランドで購入する消費者が圧倒的多数であり、2000年代に至るまでの資生堂の低迷は、消費者のブランド選定においての混乱が要因であるといえる。Aaker（2004）らが論じているように、資生堂の高いブランド力は、コーポレートブランドをマスターブランドとして拡張する最適のモデルといえる。メガブランドに集約して効率化を進めたことは、資生堂のブランド力によるコーポレートブランド戦略が有効であることが重要な要素である。資生堂は一部チャネルのブランドを別会社で運営し「ノン資生堂」としているが、これは資生堂のシャドウ・エンドーサー・ブランド(17)とも推察でき、完全に資生堂のブランドパワーから離れているわけではないものと指摘できる。こうした理由から、資生堂における最善のブランド戦略は、過去に築いた信頼性を背景としたコーポレートブランドを利用したブランド拡張といえる。

1980年代から2000年までに、資生堂は、多様な顧客ニーズと販売チャネルに対応するために、次々と新たなブランドを導入したことによって、ブランド・ポートフォリオ内のブランド数は年々増加していった。特定のセグメントでの売上

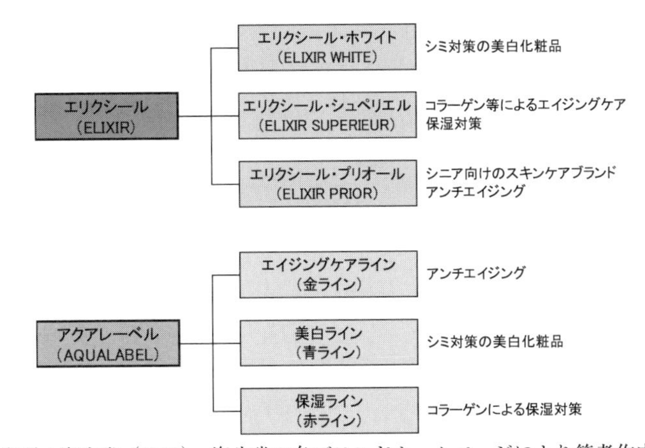

出所：資生堂（2013）、資生堂の各ブランドホームページにより筆者作成。

図2－1　資生堂のメガブランド化粧品の機能別サブブランドへの拡張例

が下回る場合には、さらに新しいブランドを追加していくことで、結果的に開発やマーケティングコストが増加してしまう、負のスパイラルに陥っていった。その後、2005年からのメガブランド戦略によるブランド数の集約によって、資生堂は主力ブランドの枠組みは一定のまま、主力ブランドの下に位置づけられるサブブランドのポートフォリオで市場に対応しようとしている（櫻木、2011）。

図2－1は、メガブランドのサブブランドによる拡張と、顧客の機能性ニーズと年齢に対応している例を示している。例えば、メガブランドである「エリクシール・シュペリエル」には、サブブランドとして、美白機能の「エリクシール・ホワイト」があり、年齢肌用には「エリクシール・プリオール(18)」がある。低価格帯のアクアレーベルにおいても、青色容器で統一された「美白ライン」、赤色容器で統一された「保湿ライン」、金色の容器で統一された「エイジングケアライン」があり、それぞれが機能性ニーズに合わせたサブブランドを構成している。これは、メガブランドのサブブランドによる拡張型戦略であり、櫻木（2011）は、これが資生堂をはじめとする国内化粧品市場で最も有効な戦略であると論じている。

資生堂が2005年にメガブランド戦略に至った経緯を考察すると、各顧客セグメント上に複数の製品ブランドを投入し、ブランド・ポートフォリオが複雑化したことが要因であり、結果としてブランドの複数投入戦略が失敗したという結論を導くことができる。Aaker（2004）が論じているように、ブランドを追加する場合には、そこに必ず明確な役割がなければならず、ポートフォリオ上に不必要なブランドが多数存在したことが、顧客の混乱と各ブランドの弱体化を招いたことを指摘できる。また、従来の制度品チャネルを中心に開始されたブランド・ポートフォリオが、チャネルの変遷に伴って、その対応商品のブランド構成の問題が解消されていなかった結果であるといえよう。

現在の資生堂のブランド・ポートフォリオはシンプルに機能しており、現状のチャネルに合わせた効率的な運営が可能となっている。ブランドの集約や統合といった作業は、本来であれば非常に困難なプロセスを経ることになるが、資生堂の高評価のコーポレートブランドの下で有効であったものである。「資生堂ブランド」のコーポレートブランドでなければ、集約後のブランド認知には時間を要し、また、集中的なプロモーション戦略による周知を行うための経営資源も得られなかったであろうことが指摘できる。これを韓国の化粧品にあてはめた場合、アモーレパシフィックは韓国内でのブランド認知は高いが、欧米や日本の化粧品ブランドに比較すると、そのブランド力はいまだに弱い。韓国内においても、高額化粧品は欧米ブランドが優位である。LG 生活健康においても、LG 財閥グループの一社としての信用力はあるが、化粧品ブランドにおけるエンドーサーとしての有効性は疑わしい。そうしたなかで、韓国の化粧品では独立性の高い個別ブランドとして展開することで、ブランド・ポートフォリオ上での運営を容易にしているものであろう。アモーレパシフィックをはじめとする韓国の化粧品業界では、すでに個別ブランドでの展開が成功しており、ブランド数は一時期の資生堂に比較すれば少ない数である。韓国の化粧品業界では、各個別ブランドをメガブランド化して独自に拡張し、独立した流通チャネルを持つことで、ブランド単位での拡張やスリム化を行っている。資生堂のケースは、資生堂という日本国内でのゆるぎないブランドの地位と、コーポレートブランドの裏付けがあっての戦略であり、それは資生堂に特殊なものとして理解すべきものである。

（3）その他の化粧品会社の状況

資生堂に続く大手化粧品メーカーとしては、カネボウをあげることができる。カネボウの化粧品事業の起源は、1936 年に発売された高級化粧石鹸「サボン・ド・ソア（絹石鹸）」にまでさかのぼる。1940 年には化粧品の研究と製造が開始され、1947年からクリーム、乳液の製造を開始した。カネボウにおいても制度品販売のシステムを採用しており、1950年頃から従来の兵庫工場での生産を東京工場にシフトし、メイクアップ化粧品や整髪料、クリーム等の多品種を製造・販売している。制度品システムによる販売店の組織化にも注力し、販売店組織の「カネボウ会」と顧客組織の「クイーン会」を立ち上げている。1961年には鐘紡化粧品株式会社としてスタートし、化粧品の販売組織については業界首位であった資生堂を模倣し、制度品販売システムを構築した。その後、顧客組織は「ベルの会」に改組され、チェーンストアと美容部員という資生堂スタイルの販売システムによって業績を伸ばしている[19]。2004年にはカネボウ本体のリストラの一環として、産業再生機構の支援によって化粧品事業が切り離され、カネボウ化粧品は新たに花王の傘下企業となった。花王の傘下となった後も、「カネボウ」ブランドは国内外での認知度が高く、従来の「カネボウ」ブランドが継続されている。

花王の傘下となってからは、生産や物流の効率化や顧客管理のシステム化を進めており、ブランド戦略においてもブランド数を絞り込んで経営資源の集中化を図っている[20]。主要なものでは、ベースメイクブランドの「レビュー」とポイントメイクブランドの「テスティモ」を統合し、メイクアップのメガブランドとして「コフレドール」を誕生させている。海外事業においては、1979年にイギリスの百貨店ハロッズへ出店し、欧米やアジアで事業を展開してきた。特に中国を重視してきており、1987年に中国現地メーカーとの提携を行い、1995年には上海に現地法人を設立し、花王の傘下となった後も海外事業を強化している。

その他の制度品メーカーとしてはコーセーがあり、1946年に小林合名会社として小林孝三郎によって東京で設立された。その後1948年に「小林コーセー」に改組され、「スキンパール」「ニュースキンパール」などのブランドがあった。さらに、1956年には高級化粧品会社である「アルビオン」ブランドの新会社を発足させており、制度品流通のシステムを採用した。海外への進出は早く、1968年に香港で現地法人「香港高絲化粧品有限公司」を設立して制度品販売を開始し、中国においては日系で最初に1987年に合弁会社を設立している。その後もタイやシンガポール、台湾、韓国などアジアを中心に進出し、美白ブランド「雪肌精」をアジアで販売拡大している。1990年代に入ると、フランス・パリへの進出や、中国への法人設立、2001年にはアメリカへの進出を果たしている[21]。プレステージブランドの「コスメデコルテ」や「ジルスチュアート」、アジアでのグローバル・ブランドとなった「雪肌精」、コンビニエンスストア等で販売される「雪肌粋」「潤肌粋」などを展開している。当初より別会社として設立された「アルビオン」は、チャネルを限定したカウンセリング販売に特化した結果、高級ブランドとして高い評価を受けており、アルビオン化粧品の海外での評価も高まりつつある。コーセーでは、「コスメデコルテ」「ジルスチュアート」「雪肌精」が代表的なグローバル・ブランドと位置づけできる。

ポーラ化粧品は、1929 年に化粧クリームの新商品によって静岡で創業し、訪問販売化粧品として国内最大手の化粧品会社となった。当初は、創業者の妻が行商に出る販売スタイルをとり、これが訪問販売のスタイルの原型となっている。1934 年までに全国に営業所を展開し、当時はめずらしかった女性販売員を採用し、戦後のポーラレディの原点となっている。1937 年には台湾において営業所を開設し、当時の京城（ソウル）にも支店を設けるなど、戦前から積極的に販売網を拡大していた。戦後の復興期を経て、営業所の下に出張所・駐在所を置くなど、独自の販売組織を拡大して訪問販売の先駆けとなっていった。海外においても、アメリカやタイ、シンガポール、香港、インドネシア、マレーシアで販売を開始し、すべての国でセールスマン方式を採用している。その後も他業種への進出など多角化を進めるが、1990 年代からは女性在宅率の低下や販売員確保の問題、消費者の低価格志向などに起因して、訪問販売による販売形態の不振がみられた。これに対応すべくポーラでは、ドラッグストアやコンビニエンスストアなどの新たな流通チャネルに対応する販売会社を設立した。また、「ポーラ・ザ・ビューティショップ」というカウンセリングやエステなどの機能を有する店舗を展開し、従来の訪問販売からの移行を進めている[22]。

通信販売の大手としては、DHC（ディーエイチシー）に注目できる。1972 年に委託翻訳事業「大学翻訳センター」を開始し、現在の社名はこの頭文字をとったものである。1980 年から化粧品の製造販売を開始し、インナーウェアやホテル事業、食品事業などの多角化を進めている[23]。近年は健康食品事業や医薬品、医療機関用サプリメント等の販売にも注力しており、多方面で多角的な事業展開を行っている。DHC は、1999 年にコンビニエンスストアで基礎化粧品の「プチシリーズ」を販売し、コンビニ化粧品の先駆けとなった。2002 年にはオンラインショップを開設し、化粧品事業では通信販売と店頭販売によって幅広く展開している。通販事業では会員組織である「オリーブ倶楽部」で多くの会員を有し、店頭販売では、量販店やコンビニエンスストア、ドラッグストアのチャネルを活用し、近年では直営店舗も全国に拡大している[24]。1995年にはアメリカと台湾に現地法人を設立しており、2002年には韓国法人を設立するなど、アジア市場にも力を注いでいる。

同じく通信販売大手として、ファンケルをあげることができる。ファンケル化粧品は1980年に化粧品の通信販売会社として創業し、1982年に初代の「洗顔パウダー」を発売した。1989年には別会社の株式会社アテニアを設立し、高機能、高品質、低価格をコンセプトにしたアテニア化粧品の販売を開始している。1994年からは健康食品分野に進出して栄養補助食品を発売しており、事業を多角化している。海外進出では、1996年に香港において「ファンケルハウス」を出店し、1997年からアメリカへ進出、2001年には台湾に現地法人を設立して化粧品および健康食品の通販事業を行っている。また、2004年には中国上海に現地1号店を出店し、海外進出も本格化した。ファンケルでは、製造年月日の表示や5ミリリットル入りの使いきりミニボトルの使用など、化粧品業界の先駆けとなるアイデアで販売を伸ばしており、製品も無添加にこだわり続けるなど、特色のあるマーケティングを行っている[25]。

異業種からの参入では、ロート製薬をあげることができる。ロート製薬は、1899年に大阪で「信天堂山田安民薬房」として創業し胃腸薬を発売、1909年には点眼薬「ロート目薬」を発売して現在の主力商品の基礎が築かれている。1949年に現社名のロート製薬として会社設立し、1962年に現在まで続く胃腸薬「パンシロン」が発売されている。その後、米国メンソレータム社との商標専用使用権を得て、薬用リップスティックなど現在の化粧品事業につながる製品を取り扱っている。化粧品事業への本格参入は2001年であり、機能性化粧品の「Obagi（オバジ)」ブランドを立ち上げた。その後の2004年には、「肌研（ハダラボ)」を発売し、「極潤（ゴクジュン)」「白潤（ハクジュン)」「卵肌（タマゴハダ)」の3シリーズによって、ドラッグストアを中心としたセルフ化粧品を展開している。「肌研」はメガブランドへと成長し、さらに2009年には、百貨店ブランド「エピステーム」を発売し、百貨店向けのプレステージブランドとしている[26]。ロート製薬では、医薬品分野で培った医薬技術を活かした化粧品業界への参入となっており、機能性化粧品を中心にその技術力をアピールすることで売上を拡大してきた。

また、異業種からの参入として注目できるのは、富士フイルムの「アスタリフト」である。富士フイルムは写真用フィルムと光学機器の大手メーカーとして著名であるが、銀塩フィルムの化学製造技術を活かして2006年に化粧品事業に新規参入した異色のケースである。エイジングケアを中心とした「アスタリフト」シリーズと、美白化粧品としての「アスタリフトホワイト」のスキンケア、メイクアップ、ヘアケア、インナーケアのサプリメント製品を展開している。また、大人のニキビケアと毛穴ケアの別ブランドとして「ルナメア」を2012年に発売し、いずれも関連会社の富士フイルムヘルスケアラボラトリーで取り扱っている。

表2－2は、本文中で説明した資生堂をはじめとする主要各社の状況を一覧にしたものである。各企業の本来的な主要事業と、事業スタート時の販売形態、現在の主な販売チャネル、主要なブランドを一覧にしている。カネボウ化粧品は花王の傘下企業となったが、実際の化粧品市場でのブランド展開は両社で異なるため、二社を区別して記載している。それぞれ本文において説明した企業であり、創業時からの主要な販売形態によって国内の代表的な化粧品メーカーを一覧化している。各社のブランドについては、化粧品事業における主要なブランドを掲載しており、主要な販売チャネルをあげている。この表からわかることは、現状のチャネルが各社で重複しつつあることである。訪問販売が主体であったポーラは、従来の訪問販売のスタイルから直営店による展開や通信販売などへシフトしている。また、通信販売が中心であったDHCやファンケルにおいては、逆に直営店やドラッグストアといった新たなチャネルに進出しており、当初の販売形態からは大きく変化しつつある。各社ともに制度品や一般品、通信販売、訪問販売といった従来の販売形態から、ドラッグストアや直営店、GMS[27]による販売チャネルへと移行してきており、インターネットによる直販や各ECモールの販売サイトでの競合も生じている。業界全体のマルチチャネル化が進むなかで、従来の販売形態による事業者の分類や定義は変化してきており、消費者の志向が変わるなかで国内メーカー各社においても販売チャネルの重点をシフトさせている。

表2-2　日本の主要化粧品メーカーの一覧

メーカー名	主な事業	開始時の販売形態	主なチャネル	主要ブランド
資生堂	化粧品	制度品	百貨店、専門店、ドラッグストア、GMS	SHISEIDO、クレド・ポー ボーテ、ベネフィーク、イプサ、プリオール、エリクシール、アクアレーベル、専科、インテグレート、マキアージュ、エテュセ
花王	トイレタリー・化粧品	一般品・制度品	百貨店、専門店、ドラッグストア、GMS	ソフィーナ、アルブラン、エスト、キュレル、オリエナ、ビオレ
カネボウ化粧品	化粧品	制度品	百貨店、専門店、ドラッグストア、GMS	インプレス、トワニー、リサージ、デュウ、ブランシール、スイサイ、ルナソル、コフレドール、ケイト、うるり、スック、RMK、エピータ
コーセー	化粧品	制度品	百貨店、専門店、ドラッグストア、GMS	コスメデコルテ、プレディア、インフィニティ、エスプリーク、雪肌精、雪肌粋、潤肌粋、肌極、エルシア、アスタブラン、アルビオン、ジル・スチュアート
ポーラ	化粧品	訪問販売	直営店、訪問販売、百貨店、通信販売	B. A、ホワイティシモ、インナーリフティア、ホワイトショット、モイスティシモ、D（ディー）
DHC	化粧品・健康食品・アパレル・翻訳事業	通信販売	通信販売、直営店、ドラッグストア、コンビニ	オリーブ、薬用Q、スーパーコラーゲン、プラチナシルバー、[F1]スキンケア、薬用エイジアホワイト・シリーズなど
ファンケル	化粧品・健康食品・肌着	通信販売	通信販売、直営店、ドラッグストア、コンビニ	無添加アクティブコンディショニングEX・ベーシック、無添加ホワイトニング、無添加FDRシリーズなど
ロート製薬	医薬品	一般品	百貨店、ドラッグストア、通信販売、GMS	オバジ、肌ラボ、エピステーム、50の恵
富士フイルム	光学機器・写真フィルム	一般品	ドラッグストア、専門店、直営店、通信販売	アスタリフト、アスタリフト ホワイト、ルナメア

出所：各社ホームページにより筆者作成。

3．韓国の化粧品業界

（1）韓国の化粧品市場と業界の動向

日本や韓国を中心としたアジア地域では、「美白」を謳った機能性化粧品[28]が研究開発され、特に東アジア地域では「肌の美白」は美意識の象徴的なテーマである。欧米では美白や肌の美しさへの関心は薄いが、日本、韓国等においては「美白」や「美肌」を求めたスキンケア化粧品が中心となっており、これらはアジア女性のステータスを表すものである。

韓国における女性の化粧品志向も美白製品といえ、韓国のメーカーは美白効果の「ホワイトニング製品」、加齢防止の「アンチエイジング化粧品」、肌の乾燥防止と美肌効果の「モイスチャー製品」といった機能性化粧品の多品種を展開し、韓国国内市場での激しい競争が繰り広げられている。このような韓国市場の背景から、韓国に進出している外国メーカーにおいてもこの傾向を把握し、アジア地域の主力商品としてホワイトニング製品を市場に投入してきている。したがって韓国の化粧品業界では、外資系、日系メーカーの進出と国内メーカーとの競合は顕著であり、特にホワイトニングやアンチエイジング等といった機能性を高めた商品開発とマーケット戦略が重視されている。このホワイトニングやアンチエイジングといった機能性化粧品において、2010年前後から各化粧品ブランドが競って他社と差別化する製品を開発し、各社が比較的早いサイクルで独自性の高い機能性化粧品を市場に投入し続けている。

2010年頃からの最近の傾向として、韓国の化粧品市場では化学合成原料をできるだけ排除し、自然界の天然原料を使用した「自然派化粧品」が売上を伸ばしてきている。一部のメーカーでは「自然主義」をコンセプトにした商品を中心に展開し、他社もこれに追随する傾向が見られ、マーケットでの自然派化粧品のシェアは拡大傾向にある。

従来、化学合成原料を使用しない自然派化粧品は、各化粧品ブランドのニッチ市場戦略の一環で、一部のロイヤルティの高い顧客向けに限って販売されていた。すなわち、高所得層の顧客を対象として高価格で販売されており、マスマーケットでの一般消費者向けの商品展開はされていなかった。しかしながら、最近の消費者の傾向は工業製品としての化粧品に含有される化学成分への憂慮から、天然原料成分を主体とした化粧品への需要が高まっており、このような需要の背景から大手メーカー、新興ブランドを問わず天然原料を使った自然派化粧品のラインナップを増やしつつある。特に韓国メーカーの対応と商品移行のスピードは顕著であり、日本や欧米の化粧品メーカーに先駆けて、多品種の独自性の高い製品を開発し、韓国内や中国、東南アジア等の周辺国市場で販売を拡大している。

韓国化粧品の特徴として、「機能性」「自然派」をアピールしたブランド戦略が見られ、2005年前後にBBクリーム[29]が韓国メーカー各社から製品化され、韓国国内での販売拡大はもとより、1～2年のうちには日本、中国等の周辺国にまでその影響は及んだ。この時期に韓国化粧品がアジアの周辺国で大きく認知され、多数の新興化粧品ブランドの誕生による裾野の拡大とともに、韓国の化粧品業界が急成長するきっかけとなった製品である。

BBクリームが市場に浸透し一段落した後、アンチエイジング化粧品として「かたつむり」のエキスを使ったスキンクリームや化粧水、「毒ヘビ」「キャビア」といった自然界の生物に由来する独創的なスキンケア化粧品が商品化されていった。これらは従来製品とは一線を画し、その独自性の高さから他製品との差別化は明確であり、価格帯も中低価格に設定されたことから急速に販売を増やした。機能性と自然派という概念が一体化した製品が主流となり、欧米や日本の化粧品ブランドとの製品の差別化が進んだことから、百貨店ブランドを中心とした一部の高級化粧品の市場を除いて、マスマーケットでのこれらの製品の競争力は高いものといえる。

これらのことから、韓国化粧品の市場戦略では、市場と消費者の商品需要の潮流を見極めたうえで、さらにその製品に独自性を加えて機能性を高めた商品開発が行われているものといえる。特に新興化粧品メーカーにおける戦略は、機能性や自然主義のコンセプトを掲げながら、その商品は独創的でもあり、ある意味で意外性を含んだ商品の企画・開発が行われていることに特徴がある。前に述べた自然派化粧品での自然界生物の珍しい天然原料の採用や、機能性化粧品の加齢防止や美白の効果の強調といった、日本や欧米には見られない商品開発の差別化が行われている。これは高級ブランド志向の消費者層には受け入れ難いであろうが、積極的なサンプル品の無償頒布などの効果もあって、低価格で効果を得る目的の中低価格マーケットの消費者層には大きな購買意欲につながっている。

表2-3で示すように、韓国の化粧品では美白（ホワイトニング）、しわ改善（アンチエイジング）、紫外線カット（UVケア）を目的とした化粧品や、それ

表２－３　韓国の機能性化粧品の生産額推移

（単位：億ウォン）

類　型	2009年	2010年		2011年		2012年		2013年		2009～2013比較
	生産額	生産額	前年比増加率	生産額	前年比増加率	生産額	前年比増加率	生産額	前年比増加率	
複合類型	3,178	4,178	31.5％	5,935	42.1％	7,804	31.5％	12,259	57.1％	385.7％
しわ改善	2,858	3,423	19.8％	3,231	－5.6％	6,665	106.3％	6,903	3.6％	241.5％
紫外線カット	4,060	4,721	16.3％	4,138	－12.3％	4,027	－2.7％	3,809	－5.4％	93.8％
美　白	2,306	2,865	24.2％	3,113	8.7％	2,987	－4.0％	2,667	－10.7％	115.7％
機能性化粧品合　計	12,402	15,187	22.5％	16,417	8.1％	21,483	30.9％	25,638	19.3％	206.7％

出所：韓国保健産業振興院（2014）p. 49により作成。

表２－４　韓国の化粧品法改正の内容（2011年８月）

目　的	国民の安全な化粧品の使用を確保するとともに、国内の化粧品産業を世界的な化粧品産業に育成発展させ、我が国が世界的な化粧品の産業強国に飛躍するためには政策的支援も必要である。 これに伴い、化粧品業者を製造業者と製造販売業者に区分して登録するようにし、リスク評価制度を導入し、危害性のある化粧品の原料は使用できないようにするなど、化粧品原料の管理システムの機能拡張によって、国民が安心して安全な化粧品を使用できるようになり、現行の化粧品の新原料審査条項を削除し、新しい化粧品の原料の開発を促進しようとするものである。
主な改正点	オーガニック化粧品（有機原料、動植物原料が由来）の定義⇒植物原料、動物原料、ミネラル原料を使用する原材料の成分を特定した。一覧表によるガイドラインが示される。
	新しい化粧品原料の開発を促進し、規制を国際的水準と合わせるために、化粧品で使用できない原料を明示。ネガティブリスト方式に移行し、新原料審査制を廃止した。(リスク評価で基準が具体化)
	化粧品製造に使用できない原料を告示し、殺菌保存剤、色素、紫外線遮断剤等の使用期限が必要な原料については、その使用期限を通知し、流通化粧品の安全管理基準を告示して消費者を保護。

出所：中村（2012）を参考に作成。

らを合わせた複合類型の機能性化粧品が主流となっている。BB クリーム開発の発想のように、最近はこれらを併せた機能を持つ複合類型化粧品が増加してきており、2009 年から 2013 年の間において、機能性化粧品は倍増しており、そのうち複合類型は約四倍に増加している。また、これに合わせるように韓国の化粧品法の整備がなされており（表2-4）、自然界の動植物原料使用にあたってのガイドラインと、輸出を視野に入れた国際的水準に準拠した審査基準が採用され、韓国化粧品の安全性と信頼性を高めている。

（2）韓国化粧品の市場特性と製品の特色

化粧品市場での消費者の需要は、年齢、所得、地域、文化によって細分化される。このために消費者の潜在的な需要を発掘すべく、マルチブランディングと差別化された価格政策を通じて多種・多様な製品を提供する戦略が重要となっている。

韓国の化粧品市場は、2007年から2008年のグローバル金融危機後の景気低迷による消費委縮にもかかわらず、消費の両極化と消費価値の拡散でデパートチャネル、ブランドショップチャネルが高い成長を見せ、2010年以降も10％前後の高い成長率が続いている。最近の消費パターンの変化による化粧品消費の両極化により、化粧品流通チャネルが変化しているという点に注目できる。中産階層以上の高級ブランド志向の消費者や、20歳代、30歳代を中心とした若年層のブランド志向の高まりから、化粧品におけるデパート等のプレステージチャネルは2桁台の成長率となってきた。また、低価格帯の新興メーカーを中心とするブランドショップ化粧品も、商品数の拡大、品質向上、ヒット商品の増加で顧客需要層を拡大しながら大きくシェアを伸ばしつつある。一方で、中低価格帯の化粧品を中心とした従来型のショッピングマート、専門店では顧客層が離れつつあり、競合するブランドショップの販売拡大に伴い毎年5％前後の減少傾向が見られる。これに対して、韓国の販売形態の特徴ともいえる訪問販売チャネルについては堅調に推移し続けており、日本での生活スタイルの変化による訪問販売の低迷に比較し、特に高級品市場での訪問販売は百貨店や専門店と並ぶ三大チャネルの一角を形成している。

特に新興化粧品ブランドの販売チャネルの主流となっているのが、自社ブランドショップや複合型ショップでの対面販売と、インターネットによる通信販売である。中低価格帯を中心としたブランドショップは、新興メーカー各社の成長に伴って2005年頃より急速にその店舗網を拡大し、当初は店舗の売場増加に比例して40～50％に達する高成長が続いた。しかしながら、法改正後に化粧品市場への参入障壁が低くなった韓国化粧品市場の特性もあり、2007年頃からは後発メーカーの市場参入が相次ぎ、大手メーカーも自社グループの低価格帯ブランドに注力した結果、新興ブランド間の競争は激化している。今後も新興ブランドの新規参入やその盛衰は続くと予想されるが、現在の韓国化粧品市場ではブランドショップでの販売チャネルは、2011年基準で全体の28％と大きなシェアを占めるに至っており、今後も同様の店舗販売チャネルが一定のシェアを獲得し続けると予想されている。

最近の韓国化粧品市場においては高級ブランド化粧品を中心とした百貨店販売のチャネル、新興ブランドの中低価格品を中心としたブランドショップ販売のチャネル、そして従来型の訪問販売のダイレクトセリングの三大チャネルで構成され、インターネット、TVショッピングの通信販売チャネルが残りを補完している状況である。日本と異なるのは、ドラッグストアやチェーンストア、量販店といったチャネルに重点が置かれず、メーカー直営またはフランチャイズの単独ショップが成長を支えていることである。意外にもIT先進国を自負する韓国において、インターネット販売のシェアはまだ高くなく、国民性や独自の文化もあって訪問販売の占めるシェアがいまだに高い状況といえる。韓国では価格帯や顧客層を絞り込んだブランド展開と、それに合わせた流通チャネルが明確化されており、路面店展開するメーカー単独のブランドショップは、特に店舗自体がターゲットとする顧客向けの装飾、展示を行っている。日本以上にブランド別の顧客セグメントは明確にされており、価格帯、年齢層、機能性や主成分の商品差別化によって細分化されているといえ、これが2000年以降の新興化粧品ブランドの成長を支える原動力となっている。

（3）アモーレパシフィックの状況

アモーレパシフィックは、1932年に創業者の母親が椿油の販売を開始し、1945年に太平洋化学工業社として創立した韓国最大の化粧品・トイレタリーメーカーである。1964年から「AMORE」ブランドの販売を開始し、1978年のニューヨーク、東京への現地法人設立をはじめ、1990年代にはフランス、中国へ進出している。アモーレパシフィックは韓国の総合トイレタリーメーカーとして位置づけされており、主力の化粧品事業のほか、シャンプーやボディソープ、歯磨き剤といった周辺商品においてもブランドが確立されているトップメーカーである。2006年にアモーレパシフィックは持株会社体制に移行され、グループ内

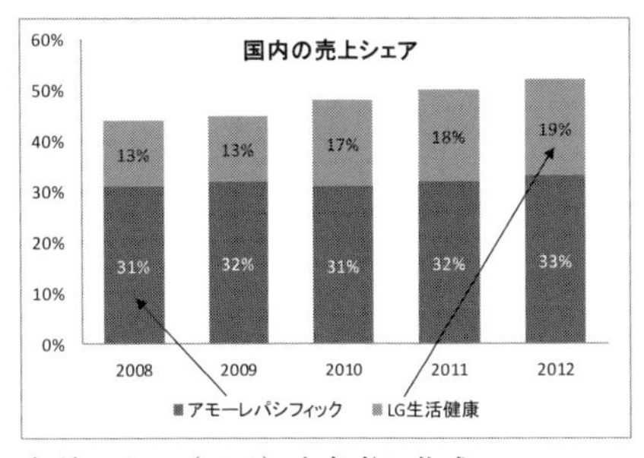

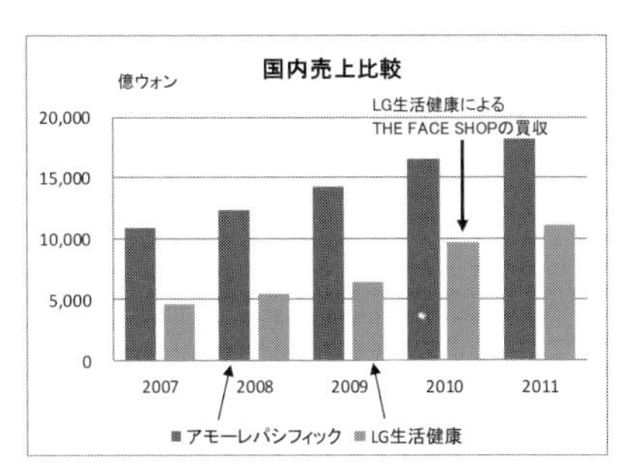

出所：チョ（2012）を参考に作成。

図2－2　アモーレパシフィックとLG生活健康の売上比較

での分社化が進んでおり、主要ブランドである「エチュードハウス」や「イニスフリー」などもグループ内で分社化されている。しかしながら、分社化された各ブランドは、持株会社アモーレパシフィック・グループのなかで展開しており、経営と管理は依然としてアモーレパシフィック本社の影響下にある。

アモーレパシフィックの化粧品事業の保有ブランドは、代表的なプレステージラインとしてコーポレートブランドを冠する「AMOREPACIFIC（アモーレパシフィック）」、韓方化粧品(30)ブランドの「雪花秀（ソルファス）」がある。また、1994年より20歳代から30歳代の女性向けに開発された「LANEIGE（ラネージュ）」、植物成分由来の化粧品である「HERA（ヘラ）」といった百貨店・専門店向けメガブランドを展開している。低価格帯のマスマーケット向けブランドとして1985年に発売された「ETUDE HOUSE（エチュードハウス）」は若年層を中心に拡大し、2011年には日本にも進出しアジア各国で評価を高めているメガブランドである。これらの百貨店・専門店チャネルの各プレステージブランドを機能と素材別のコンセプトでポジショニングし、「ETUDE HOUSE（エチュードハウス）」、「innisfree（イニスフリー）」といったマスマーケットの一般品においても、時流の個別ブランドショップの展開によって販売を拡大している。

流通チャネルについては個別のブランド別に異なるが、代表的な「AMOREPACIFIC」ブランドは百貨店・専門店の対面式カウンセリング販売であり、韓国内の主要百貨店に個別店舗を展開し、2006年には日本の百貨店においても販売を開始した。「雪花秀」や「ヘラ」といったプレステージブランドは、百貨店・専門店の他、免税店や自社商品のセレクトショップである「ARI-

TAUM（アリタウム）」で取扱い、「エチュードハウス」や「イニスフリー」のマスマーケット向けのブランドは、主に路面店やショッピングマート内のブランドショップで販売する形態をとっている。

図2-2で示すように、アモーレパシフィックは同業のLG生活健康と並び、両社で韓国内の化粧品売上シェアの50％以上を占めている。韓国で二番目のシェアを有するLG生活健康は、2009年に中堅の新興化粧品ブランドである「THE FACE SHOP（ザ・フェイスショップ）[31]」を買収し、ブランドショップチャネルの低価格帯ブランドを傘下に収めた。これによってLG生活健康は化粧品部門の売上を急増させ、首位のアモーレパシフィックに迫る勢いを見せている。しかしながら、韓国の高級品市場でのアモーレパシフィックの評価は高く、主力の韓方化粧品「雪花秀」の販売拡大や、中低価格市場でのブランド強化の効果もあって、売上を順調に伸ばしている。今後もLG生活健康の追い上げによる競争は激しさを増すと予想されるが、韓国の化粧品業界での二強体制には変化はない。特に百貨店チャネルにおいては、中高級品を扱う二社のブランドの寡占状態となっており、韓国の化粧品市場において両社の占めるシェアは大きいものである。

アモーレパシフィックの化粧品ブランドの展開は、各製品ブランドが独立したメガブランドとして、各々が独立した販売チャネルとプロモーション手段を有しており、個別ブランド戦略によるものである。表2-5で示されるように、そのブランドの数々は、価格帯、機能性の顧客ニーズ、使用原料による差別化などでセグメントされた化粧品部門、周辺のヘルスケアやオーラルケアといったトイレタリー部門のブランドを加え、約20のブランドを有している。また、各々のブランドは、韓国内ではメガブランド化した製品ブランドであり、特徴ある各製品ブランドは一定の評価とシェアを有している。

韓国内で同業の競合会社であるLG生活健康においても、同じ傾向でのブランド展開をしている。個別の製品ブランドをメガブランド化した戦略は、韓国の化粧品業界に一般に見られる普遍性のある戦略といえる。アモーレパシフィックの各ブランドを見ると、「韓方」「自然界の特殊原料」「植物成分由来」などのキーワードによって分類され、さらに「美白」「加齢防止（しわ改善）」「保湿力」といった機能性で差別化されている。このため、ブランド間での重複を回避するコンセプトで各ブランドが形成され、カニバリゼーションを防止する対策がとられている。ブランド数はそれなりに多いが、各顧客セグメンテーションに対応でき

表2-5　アモーレパシフィックの主要ブランド

	ブランド名	韓国語表記	特徴・製品ライン・価格帯等
化粧品ブランド	AMOREPACIFIC（アモーレパシフィック）	아모레퍼시픽	代表的ブランド、高麗人参や緑茶、竹などの植物を用いたスキンケアブランド。日本の百貨店に進出。
	雪花秀（ソルファス、Sulwhasoo）	설화수	韓方化粧品のスキンケアブランド、プレステージブランドとして百貨店を中心に販売。
	HERA（ヘラ）	헤라	植物成分由来のブランド。中価格帯以上で、百貨店・専門店を中心に販売。
	LANEIGE（ラネージュ）	라네즈	若年層（20～30歳代）向けの中価格帯ブランド。トータルケア化粧品。
	Mamonde（マモンド）	마몽드	中価格帯のトータルケアブランド。
	IOPE（アイオペ）	아이오페	植物抽出原料に化学的技術を加えた高機能化粧品。メイクアップ等のトータルケア化粧品。
	韓律（ハニュル、HANYUL）	한율	韓方植物を原料としたスキンケア化粧品ブランド。雪花秀の中価格ブランド。
	LIRIKOS（リリコス）	리리코스	海洋成分原料から製造したスキンケアブランド。
	PRIMERA（プリメラ）	프리메라	スキンケアからヘアケア製品までのトータルケア化粧品。
	Verite（ベリテ）	베리떼	スキンケア、メイクアップ、ボディケア、メンズなどを加えたトータルブランド。
	Espoir（エスポア）	에스쁘아	メイクアップ専門ブランド、フレグランス製品。
	ETUDE HOUSE（エチュードハウス）	에뛰드 하우스	若者向けの低価格帯ブランド。スキンケアからメイクアップまで品揃え。路面ブランドショップ展開をし、日本にも進出。
	innisfree（イニスフリー）	이니스프리	ハーブを原料とした自然派化粧品ブランド。低価格帯でブランドショップ展開をしている。中国などのアジア進出。
香水・ヘアケア等	Lolita Lempicka（ロリータレンピカ）	롤리타 렘피카 향수	フレグランス製品、仏ブランドの香水ライン。
	呂（RYOE、リョ）	려	韓方のヘアケア製品。
	一理（ILLI、イリ）	일리	トータルアンチエイジングのボディケア製品。
	HAPPY BATH（ハッピーバス）	해피바스	ボディ・バス用ケア製品。
	Median（メディアン）	메디안 치약	歯磨き粉などのヘルスケアブランド。

出所：アモーレパシフィック（2012、2013、2014）および同社ホームページを参考に作成。

るようなブランド配置となっており、競合する大手のLG生活健康や中堅メーカーの製品に対する隙間を生じさせない構造である。

欧米型の個別ブランド戦略ではあるが、欧米や日本の海外大手ブランドに比較すると、一つのブランドパワーはまだ小さい。しかしながら、韓国内の消費者において、高価格帯を中心に各ブランドへのブランド・ロイヤルティは高く、韓国内ではブランドの認知度は高い状況である。最近はブランドショップ型の販売チャネルを増加させており、中価格帯を自社の複合型ブランドショップ「ARITAUM（アリタウム）」で販売し、低価格帯商品の「ETUDE HOUSE（エチュードハウス）」、「innisfree（イニスフリー）」については、単独のブランドショップを販売チャネルとしている。特に最近の傾向であるブランドショップによる販売では、先行する競合他社に迫る勢いで店舗を拡大している。韓国では、LG生活健康の傘下に入った「THE FACE SHOP（ザ・フェイスショップ）」を除き、低価格帯ブランドの多くが中堅の新興ブランドによるものである。「エチュードハウス」や「イニスフリー」においても、単独ブランドとして展開しており、アモーレパシフィックの企業背景が完全に見える形態はとっていないが、個別のブランドとしての評価を得ているといえる。したがって、現在のところは、アモーレパシフィックの個別ブランド戦略が有効に機能しているものと推察できる。

（4）その他の化粧品会社の状況

韓国の化粧品業界で二番手に位置するのがLG生活健康である。LG生活健康は1947年にラッキー化学工業社として創立し、「ラッキー」ブランドでクリームの生産を開始し、1954年には「ラッキー歯磨」の生産開始、1960年から化粧石鹸、洗濯石鹸を生産するなど関連多角化を進めた。1995年には、中国に合弁の生産拠点である杭州LG化粧品有限公司を設立し、1997年に北京に工場を設けるなど、90年代後半から中国への進出をしている。LG生活健康は、LGグループの総合トイレタリーメーカーとして、化粧品のほかにも洗剤類やヘルスケア、オーラルケア製品、飲料製品[32]といった多角化された事業を有している。2009年にマスマーケット向けの中堅ブランド「THE FACE SHOP（ザ・フェイスショップ）」を自社の傘下に置き、2012年には日本の「銀座ステファニー化粧品[33]」を買収するなど、積極的に既存の他社ブランドをM&Aなどによって獲得し、業容を拡大している。「ザ・フェイスショップ」のほか、カナダの「Fruits &

表2-6　韓国の主要ブランドショップ（個別ブランドの路面店）

順位	化粧品ブランド（新興ブランドショップ）	ブランドショップ進出時期	出荷額（億ウォン）2010年基準	ショップ数2010年基準
1	THE FACE SHOP（ザ・フェイスショップ）	2003年12月	2,895	887
2	MISSHA（ミシャ）	2002年4月	2,400	444
3	Skin Food（スキンフード）	2004年12月	1,700	436
4	ETUDE HOUSE（エチュードハウス）	2005年8月	1,700	280
5	innisfree（イニスフリー）	2005年12月	950	324
6	TONY MOLY（トニモリ）	2006年7月	700	230
7	Nature Republic（ネイチャーリパブリック）	2009年3月	500	150

出所：吉田（2011）を参考に作成。

Passion」、関連事業として、日本のエバーライフ（「皇潤」などの健康食品を販売）や韓国コカコーラなどを買収している。LG生活健康の代表的なブランドには、高級韓方化粧品である「后（フー）」、中価格帯の韓方化粧品ブランド「秀麗韓（スリョハン）」、百貨店向けの20代から30代女性の人気ブランドとして「OHUI（オフィ）」「SU:M37°（スム）」などがある。

その他の化粧品ブランドの多くは低価格帯を中心とする中堅・中小ブランドであり、2000年代に化粧品市場に参入した新興ブランドが数多く競合している。新興ブランドでは2000年創業のエイブルC&Cに注目でき、「MISSHA（ミシャ）」ブランドで日本をはじめとする海外市場で店舗展開をしている。その他「TONY MOLY（トニモリ）」や「Skin Food（スキンフード）[(34)]」「Nature Republic（ネイチャーリパブリック）」といった新興ブランドが同時期に創業しており、韓国内での路面店を中心に業容を拡大している（表2-6）。

また、古くからの中堅化粧品ブランドとしては、韓国化粧品の「山心（サンシム）」、コリアナ化粧品の「韓方美人」、年井山（ジョンサン）化粧品の「白玉生（ペクオクセン）」といった化粧品ブランドがある。

日本においては、2005年頃からBBクリームで韓国化粧品が紹介され、各社製品が2000年代後半から日本でも販売されるようになった。これらの新興ブランドの多くが2010年から2012年頃をピークにして日本での店舗販売もされていたが、2016年時点では店舗販売の撤退など代理店での取り扱いも減少し、現在では通信販売サイトが中心となっている。一方で新興化粧品ブランドの多くが、中国や東南アジア地域への販売に注力されており、アモーレパシフィックやLG生活健康のアジア地域での販売伸長と同様に、同地域での韓国化粧品全体の評価は高まりつつある。

4．海外市場での展開

（1）韓国化粧品の中国市場を中心としたアジア戦略

韓国企業における共通戦略として、金融危機以降はアジア周辺の新興国市場への積極的な進出が目立っている。韓国化粧品業界においては、各国の地域固有の文化的環境を反映した差別化戦略、自然主義コンセプトの強化、流通チャネルの拡大とブランドおよび価格帯の多様化による地域別マーケティングを行っている。近年の特徴としては、韓国を訪問する外国人旅行者の増加である。表2-7で示すように、中国人と日本人観光客を中心に年々その数は増加する傾向[35]にあり、免税店やブランドショップでの韓国化粧品の購入機会が多くなってきている。アジアを中心とした観光客による韓国化粧品ブランドの選好度が高くなることで、帰国後の反復購入や商品情報の広がりによって、輸出での現地進出を容易にしていることが推察できる。表2-8は、中国人の日本と韓国への訪問者数の推移を示している。中国人観光客のインバウンド市場は、日本のみではなく韓国においても大きく影響をしており、中国人の訪韓者数は、2007年の107万人から2014年のピーク時で613万人となっており、2007年からの9年間にわたり、日本への訪問を上回る数の中国人観光客が韓国を訪問している。

最近の韓国化粧品各社の中国市場への積極的な進出は注目に値し、2010年頃から韓国内の化粧品市場が成熟期に入っていることもあり、各業者間の競争深化から市場が飽和されていく過程で新たな成長を求めて中国市場へと向かっている。近年の所得向上と生活スタイルや価値観の変化から中国化粧品市場は高成長を続け、表2-9で示すように、中国の化粧品市場規模は2011年基準で203億ドル規模、2012年は222億ドル規模、2013年には243億ドルに達している。これは、韓国化粧品市場における71億ドル（2013年基準）の3.4倍の水準に達しており、2013年では日本市場を上回ってアメリカに次ぐ世界第2位の規模である。中国は13億人規模の市場であることから、今後の潜在的な成長性も非常に高いと評

表2-7　中国人と日本人の韓国訪問者数推移

単位：万人

	2009年		2010年		2011年		2012年		2013年		2014年		2015年	
内訳	人数	比率	人数	比率	人数	比率	人数	比率	人数	比率	人数	比率	人数	比率
韓国への入国者数	782	100%	880	100%	980	100%	1,114	100%	1,218	100%	1,420	100%	1,323	100%
(内 中国人)	134	17.1%	188	21.4%	222	22.7%	284	25.5%	433	35.6%	613	43.2%	598	45.2%
(内 日本人)	305	39.0%	302	34.3%	329	33.6%	352	31.6%	275	22.6%	228	16.1%	184	13.9%

出所：韓国観光公社統計資料により作成。

表2-8　中国人の日本と韓国への訪問者数比較

単位：万人

中国人訪問国	2007年	2008年	2009年	2010年	2011年	2012年	2013年	2014年	2015年
日本への入国者数	94	100	101	141	104	143	131	241	499
韓国への入国者数	107	118	134	188	222	284	433	613	598

出所：日本政府観光局（JNTO)、韓国観光公社統計資料により作成。

表2-9　国別の化粧品市場規模

（単位：百万USドル）

国名	順位	2011年		順位	2012年		順位	2013年	
		市場規模	シェア		市場規模	シェア		市場規模	シェア
アメリカ	1	36,346	15.7%	1	37,108	15.5%	1	37,871	15.2%
中　国	3	20,346	8.8%	3	22,219	9.3%	2	24,289	9.7%
日　本	2	22,691	9.8%	2	23,033	9.6%	3	23,277	9.3%
ドイツ	4	14,609	6.3%	4	14,820	6.2%	4	15,136	6.1%
ブラジル	6	12,805	5.5%	6	13,739	5.7%	5	14,748	5.9%
フランス	5	13,507	5.8%	5	13,754	5.7%	6	13,982	5.6%

出所：韓国保健産業振興院（2014）p. 29により筆者作成。
（原出所：Datamonitor Personal Care Market Data 2014）

価されている。

中国の1人当たりの化粧品消費額は17.7ドルであり、日本の5%程度、韓国の12%程度に過ぎないが、13億人に達する人口規模の中国市場は今後も高い成長が期待されることもあり、韓国の化粧品メーカー各社は中国市場でのシェア拡大を急いでいる。中国市場に進出した韓国化粧品メーカーのなかでは老舗のアモーレパシフィックが最も高い実績であり、2011年の基準で2200の専門店と820

（単位：千 US$）

年 度	輸出額	前年比増加率
2001年	80,142	4.8%
2002年	123,550	54.2%
2003年	150,647	21.9%
2004年	219,010	45.4%
2005年	286,130	30.6%
2006年	304,595	6.5%
2007年	348,111	14.3%
2008年	371,204	6.6%
2009年	416,002	12.1%
2010年	596,934	43.5%
2011年	804,503	34.8%
2012年	1,067,002	32.6%
2013年	1,289,660	20.9%

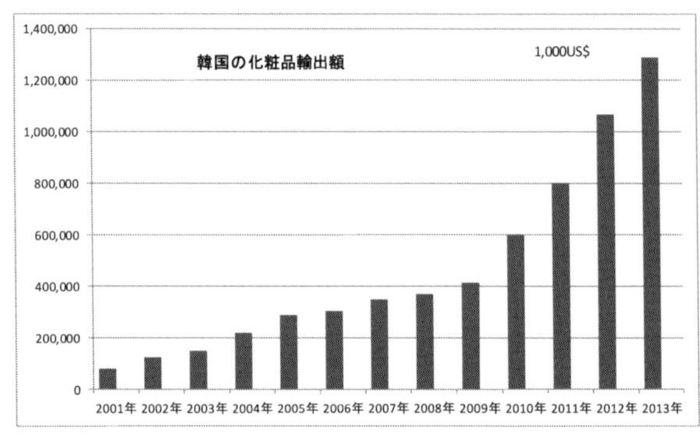

出所：韓国保健産業振興院（2014）p. 69により作成。原出所：韓国医薬品輸出入協会

図２－３　韓国の化粧品輸出額推移

か所の百貨店販売チャネルを通じて販売されている。中国国内でのアモーレパシフィックの市場シェアは上昇しており、スキンケア化粧品では、2008 年の 1.3 %から 2012 年には 2.6 %まで倍増しており、次に LG 生活健康が続いている。

アジア地域の進出においては、地域による美白製品の選好度合や嗜好は異なり、韓国や中国でのホワイトニング化粧品に比較し、インドでは現地の需要に合わせてさらに明るめのホワイトニング化粧品を市場に投入するなどの地域別の戦略を明確にしている。東南アジアにおいては、華僑系と東南アジアローカル顧客では化粧品の選好やチャネルが異なり、華僑系顧客が白い肌のための美白化粧品や機能性化粧品等の基礎化粧品を重視する一方、ローカル顧客層は自信感を表現するメイクアップ化粧品を好むといった違いがある。また、華僑系顧客はプレミアムチャネルを好むが、ローカル顧客層は多様なチャネルを利用するという状況があり、韓国メーカーはこれらの地域別の商品差別化とマーケットチャネルの多様化に対応する戦略で販売を伸ばしている。

このように韓国の化粧品メーカーのアジア新興市場への進出に際しては、地域性や文化的背景、民族性といった顧客セグメントと商品差別化を徹底しており、その柔軟な対応が新興国市場に浸透するきっかけとなっている。特に近年の韓国新興化粧品メーカーにおける東南アジア新興国市場への進出と、そのマス市場の攻略には注目でき、華僑を主な顧客とするプレミアム市場と、ローカル顧客を主対象とするブランドショップなどのマス市場での成功が、韓国の化粧品メーカーのグローバル事業の拡大につながっているものといえる。

（単位：千 US$）

年 度	輸出額	前年比増加率
2001年	379,459	－4.1%
2002年	520,910	37.3%
2003年	499,191	－4.2%
2004年	485,871	－2.7%
2005年	530,795	9.2%
2006年	601,883	13.4%
2007年	652,195	8.4%
2008年	719,936	10.4%
2009年	702,434	－2.4%
2010年	851,085	21.2%
2011年	988,763	16.2%
2012年	977,739	－1.1%
2013年	971,963	－0.6%

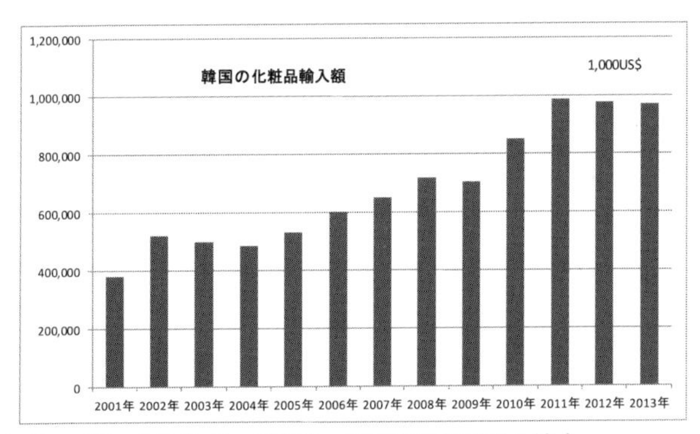

出所：韓国保健産業振興院（2014）p.69により作成。原出所：韓国医薬品輸出入協会

図2－4　韓国の化粧品輸入額推移

図2－3で示しているように、韓国の化粧品の輸出金額は年ごとに増加傾向にあり、2001 年から 2013 年においては約 16 倍の増加となっており、そのうち 2009 年から 2013 年の 5 年間においては 3 倍以上の伸びである。輸出の金額ベースにおいても、2001 年にはわずか 8 千万ドルであったものが、2013 年には約 13 億ドルに達して輸出の基幹産業となりつつあるのがわかる。近年の輸出の伸びは、アジア地域での「韓国ドラマ」や「K-POP」の韓流文化の浸透に伴う影響も大きいが、中国市場をターゲットにして中国の経済成長と所得増加に合わせるように、中韓の自由貿易協定（FTA）に向けた事前の動きなどを含め、国家的な戦略の効果も大きい。

図2－4では、韓国における化粧品の輸入額の推移を示している。2001 年から 2013 年の期間において約 2.6 倍の伸びとなっているが、輸出が同期間で約 16 倍に増加したことから見ると輸入の増加率は低い。韓国では、富裕層やブランド志向の強い層を中心に海外のプレステージブランドの購買層も多く、韓国の経済力や所得の向上に伴い、欧米や日本からの輸入化粧品についても安定して伸びてきている。国別では、アメリカからの輸入が最も多く 2013 年で約 2 億 8 千万ドル、同年の基準では、次がフランスからの約 2 億 6 千万ドル、日本からの約 1 億 3 千万ドルと続いている。しかしながら、直近の 2012 年から 2013 年において輸入額は減少傾向にあり、特に日本からの輸入の減少が目立っている。

表2－10は韓国化粧品の国別輸出額の推移を示しており、2013 年の金額ベースでは中国向けの輸出が最も多く、次に香港、日本への輸出となっている。特に

表2-10　韓国化粧品の国別輸出額推移（2013年基準順位）

単位：千 US$

順位	国　名	2009年	2010年	2011年	2012年	2013年	2009年⇒2013年対比
1	中　国	110,302	156,369	228,684	209,613	287,438	260.6%
2	香　港	41,271	57,014	92,508	188,639	266,918	646.7%
3	日　本	73,813	83,251	121,676	250,084	220,199	298.3%
4	アメリカ	39,372	44,976	57,225	70,169	92,790	235.7%
5	台　湾	41,003	50,539	62,670	58,777	84,180	205.3%
6	タ　イ	12,634	42,842	57,850	65,171	72,671	575.2%
7	シンガポール	15,523	24,903	31,838	40,589	42,117	271.3%
8	ベトナム	13,176	25,514	24,437	25,496	36,608	277.8%
9	マレーシア	10,581	29,732	29,042	32,775	35,011	330.9%
10	ロシア連邦	4,298	6,523	8,231	15,657	20,945	487.3%
11	その他地域	54,029	75,271	90,342	110,032	130,723	241.9%
化粧品輸出総額		416,002	596,934	804,503	1,067,002	1,289,600	310.0%

出所：韓国保健産業振興院（2014）p.71により作成。原出所：韓国医薬品輸出入協会

2009年から2013年の期間では、香港やタイ、ロシア連邦向け輸出の伸びが大きく、香港やタイ向けは約6倍の輸出額となっている。東南アジア地域の新興国市場への輸出が顕著に伸びており、アジア地域でのブランド浸透が実績となって表れている。ロシア連邦といった新興市場においても、韓国の家電や自動車と同様に高い伸びを示していることも特徴的である。また、日本やアメリカといった化粧品先進国においても輸出を高い率で伸ばしており、従来の韓国化粧品のブランドイメージが変化していることが推察できる。輸出全体としていえることは、香港向けを含めた中国市場が韓国の最も大きな輸出先市場となっており、韓国化粧品業界にとって最大のマーケットであることに間違いはない。

（2）資生堂とアモーレパシフィックの海外進出

資生堂は戦前から中国等へ進出していたが、戦後の海外進出は1957年の台湾資生堂の設立にはじまり、1959年にシンガポールへの輸出、1961年から63年にかけて、ハワイや韓国、イタリアに進出している。1965年にはアメリカ・ニュ

ーヨークへの現地法人設立を経て、1980年には欧州の拠点としてフランスや旧西ドイツへ現地法人が設立され、この時期からグローバル展開が本格化した[36]。そのほか、カネボウやコーセーなどの制度品メーカーも1970年代から海外に進出している。

資生堂の中国での事業開始は1981年であるが、中国への本格的な進出は1991年の北京での合弁会社設立の時期からであり、この3年後の1994年に現地生産による中国専用ブランド「AUPRES（オプレ）」を発売している。この「オプレ」ブランドは百貨店で販売され、現地の高級品ブランドとして位置づけられた。2003年には、独資の資生堂（中国）投資有限公司が設立され、日本で長年培われた制度品のチェーン店システムが中国市場に移植され、資生堂による中国市場での本格的な化粧品専門店事業が開始される。この中国の専門店では、日本のチェーン専門店と同様に、店舗の作り方や、接客応対、商品陳列、顧客管理手法といった教育を実施し、厳しい基準を設けている。また、専門店や百貨店には、日本から優秀なビューティ・コンサルタントを長期派遣し、接客応対についても直接指導を行い、まさに日本型の販売システムをそのまま中国に移植している。そして同時期の2004年に専門店専用ブランドの「URARA（ウララ）」を発売し、上海での現地生産を行っている。最近では2010年に、薬局チャネル向けに「DQ（ディーキュー）」ブランドを発売している。これらのことから、資生堂の中国市場での販売戦略は、中国市場の調査による専用商品の開発、市場特性に合わせたマーケティング、中国での現地生産という形態をとり、販売体制は日本式のシステムを持ち込んだものといえる。

図2−5で示すとおり、資生堂の海外売上比率は52.6％[37]で、海外展開している国や地域は約120に及んでいる。早くから欧米市場に進出し、欧州ブランドを傘下に加えたことや、資生堂ブランドを欧米で定着させた効果もあり、アジア以外の欧米の先進国市場での売上が高いことがわかる。特に中国市場の売上は2018年12月期で1908億円となっており、地域別売上の19.9％、海外事業売上5038億円の約38％を占める重要な市場である。特に、2000年以降における国内販売の低迷から、中国市場へと急傾斜していった背景があるといわれるが、資生堂の中国市場での販売戦略の特徴は、製造・販売・研究開発を中国に設立した現地法人で一貫していることである。また、販売システムについても、百貨店チャネル、専門店チャネルには日本式の販売システムを導入し、日本と変わらない細

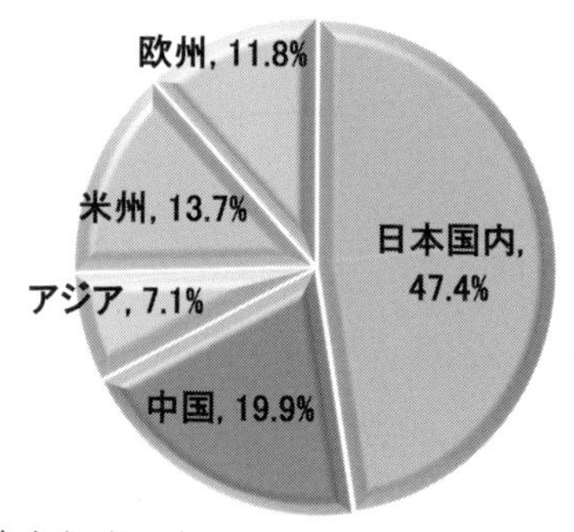

出所：資生堂（2019）により作成。

図2-5　資生堂の海外地域別売上比率（2018年12月期）

かい顧客サービスを実施しており、欧米ブランドとの差別化を図っている。韓国のアモーレパシフィックと比較すると、中国進出の歴史も古く、当初から現地化した製造・販売によって中国全域でブランドが浸透している。後発の韓国ブランドに比較すると、早くから現地化した成果が出ており、特に「AUPRES（オプレ）」ブランドは中国の現地高級ブランドとして定着している。

中国での資生堂の販売戦略は、研究開発拠点および2か所の製造拠点、販売現地法人と専門店チェーン化で先行し、アジア企業としては市場での優位性を維持している。中国への進出時期も早い段階からであり、日本での資生堂の技術力や信頼性、顧客対応というブランドイメージがかなり浸透しているものである。韓国のアモーレパシフィックなどの化粧品ブランドも健闘してシェアを伸ばしつつあるが、絶対的な数量と金額水準ではまだ及ばない状況である。日本型のチェーン店システムや販売管理手法が、中国市場でいつまで通用するかは予測不能であるが、資生堂の販売基盤と顧客基盤は中国で先行して構築されているものである。今後の中国への新規ブランドの参入には、時間と多大なマーケティング費用を要するものと考えられるが、特に現地独自ブランドの展開では、資生堂や欧米のプレステージブランドをエンドーサーとした裏付けが重要な要素となるであろう。

アモーレパシフィックは、1959年のフランスとの技術提携、1964年の日本との技術提携を経て、1978年のニューヨーク、東京への現地法人設立をはじめ、1990年代にはフランス、中国へ進出している。中国進出は、1993年の瀋陽での現地法人設立、2000年の上海現地法人設立と比較的古いが、本格的な販売拠点の拡大による進出は2003年の「ラネージュ」による百貨店チャネルへの進出である。同じ2003年にはニューヨークに店舗を構え、続いて2005年にはワシントン州の百貨店への進出を果たしている。日本へは2006年に伊勢丹や阪急百貨店に進出し、海外でのプレステージブランドとしての評価を高めるために、海外における百貨店チャネルでの積極的なマーケティング活動を行ってきた。

近年の動きでは、中国とASEAN地域でブランドと流通チャネルを多様化し、中国では「雪花秀」や「イニスフリー」のブランドを2011年から2012年に新しく市場に投入して、顧客接点の拡大を図っている。また、「ラネージュ」「マモンド」などの中価格帯商品を中心に、中国のテレビや雑誌などでプロモーション活動を強化しており、低価格帯の「イニスフリー」のブランドショップの出店を始めている。これらによって、2012年に中国法人は前年対比で約37％の成長となった。アジア市場において、主力高級品ブランドである「雪花秀」がシンガポール、タイ、台湾に進出し、高級ブランドとしての地位を確立させようとしている。「ラネージュ」はASEAN市場においても戦略ブランドとして位置づけ、既存売場のリニューアルと積極的なマーケティング活動を通じて顧客認知度を高めて、マレーシア、ベトナムなどで販売拠点を継続的に拡張している。また同時に、「エチュードハウス」が香港にブランドショップ1号店を開設して、「イニスフリー」と並ぶもう一つの低価格のマスマーケット商品として中国進出を始めた。また、日本においては2005年に日本法人アモーレパシフィックジャパンを設立し、2006年には百貨店チャネルに「AMOREPACIFIC」ブランドを進出させた。続いて「エチュードハウス」が東京をはじめとする主要都市8か所に路面店を開設し、さらに、中価格帯のスキンケア化粧品「IOPE（アイオペ）」や、ヘアケア・ブランドの「呂」を日本国内で販売開始している。

アモーレパシフィックはすでに国内での強力な基盤があることや、国内に既存の個別のメガブランドを複数有することから、日本をはじめとする各地域に段階的なブランドの展開を試みている傾向が推察される。日本においても全面的なブランド展開はしておらず、通信販売などのチャネルで限定的に進出している。プレステージブランドの百貨店チャネルへの段階的導入や、低価格帯ブランドについては韓国国内と同じブランドショップ形態を試みるなど、市場の状況を見ながら的確なマーケティング方法を探索する共通戦略といえるものである。中国市場においても、韓国特有の路面店展開するブランドショップの形態を、香港から試

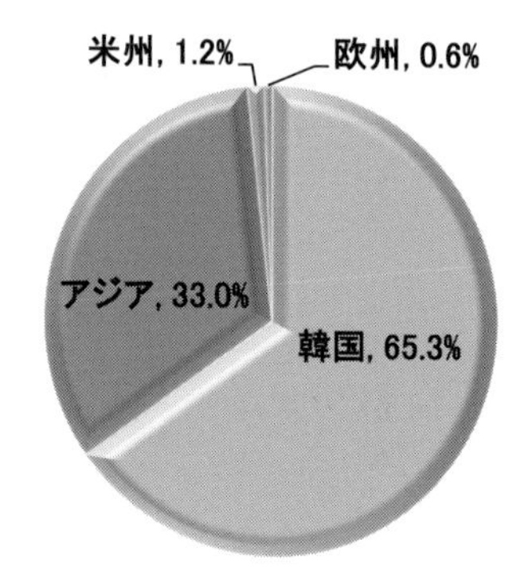

出所：アモーレパシフィック（2019）により作成。

図２－６　アモーレパシフィックの海外地域別売上比率（2018年12月期）

験的に展開したうえで中国本土へ同形態で進出させている。単一の化粧品ブランドを扱うブランドショップの店舗形態は、台湾市場においても台北から高雄、台中といった地方都市まで展開しており、道路に面した店舗は韓国と同じ印象的な装飾が施されている。このブランドショップによる店舗展開は、アジア地域での各国の販売スタイルとして定着しており、現在ではアモーレパシフィック以外の韓国化粧品ブランドにおいても一般化されている。

図２－６はアモーレパシフィックの海外市場での地域別売上を円グラフで示している。海外進出を推進する現在においても、韓国国内での売上が65.3％と比較的高く、一方でアジアを中心とした海外での売上比率は３割強の水準であり、資生堂の海外展開の水準にまでは及んでいない。中国を中心としたアジア地域を主力の海外マーケットとしており、現状では他の韓国企業の海外販売の状況に近似した動きとなっている。自社のブランディング強化の意味から、コーポレートブランド「AMOREPACIFIC」をアメリカ市場に戦略的に進出させているが、販売金額においては資生堂の欧米市場での評価に見劣りする状況にある。現在の海外戦略においても中国とアジア地域の新興市場を狙った動きにあり、資生堂をはじめとする日本の主要ブランドを戦略的にターゲットとするマーケティングが行われている。韓国化粧品のアジア地域での躍進の契機となったのが、「韓国ドラマ」や「K-POP」などの韓国文化のアジア進出であり、BBクリームの流行や韓国のタレントをモデルとしたプロモーションがアジア地域に限定的であることも要因といえよう。

しかしながら、アモーレパシフィックは海外市場では後発ではあるが、資生堂などの日本企業にならって中国市場での販売強化を図るとともに、プレステージブランドとしてのカリスマ性を狙うべく、欧米や日本への拠点進出に積極的に取り組んできた。アメリカ・ニューヨークにビューティギャラリー・スパを出店し、2010年にニューヨークの高級百貨店「バーグドルフ・グッドマン」で高級ラインの「雪花秀（ソルファス）」の販売を開始し、プレステージブランドとしてのイメージづくりを行っている。2014年には全米に展開する大手ディスカウントストア「ターゲット」で「LANEIGE（ラネージュ）」の販売を開始しており、ボリュームゾーンの中間層を狙ったミドルマーケットにも進出し、アメリカ市場での販売量拡大を図る動きにある。日本市場においては、コーポレートブランドである「AMOREPACIFIC」ブランドを、2006年に日本の代表的な百貨店7店舗に進出させたが、日本での評価は芳しくなく2013年12月現在で四つの百貨店に縮小し、2014年末で百貨店販売から撤退している。一方で、低価格帯のマスマーケット対応のブランドである「エチュードハウス」は、低価格と機能性の訴求により東京・大阪を中心に日本での店舗を維持している。そのほかにも2012年以降に日本でのブランド展開を試みているが、現在の日本法人では主にミドル市場向けの「IOPE（アイオペ）」をインターネットで直販しており、「エチュードハウス」とあわせてミドル・マスマーケットを戦略的なターゲットとしている。日本においては、高級ラインの韓国化粧品ブランドはまだ十分に認知されておらず、機能性と低価格を強調した中低価格帯のブランドが、韓国化粧品としては評価されているものである。実際に海外市場で注目されるのは、中国と東南アジア市場であり、その他の韓国化粧品ブランドも同地域での販売を伸ばしているが、アモーレパシフィックのブランドラインも同様である。アモーレパシフィックの公表資料においても、今後の海外市場での販売量の確保は、中国と東南アジア市場と位置づけており、同地域へさらに注力されるものと推察される。

表2-11は、世界規模で見た化粧品部門における各メーカーのシェアと順位を示している。化粧品の基準としては、スキンケアなどの基礎化粧品やメイクアップ化粧品のほかに、ヘアケア製品やボディケア製品、香水類などを含んだ化粧品の定義となっている。世界的な化粧品部門の売上ではフランスのロレアルが首位であり、国際的に高いシェアを有している。上位の三社はヘアケア製品などのシェアも高いことから、化粧品部門としての定義による売上が高くなる傾向にある。

表2-11　世界の化粧品企業別売上順位（2013年の化粧品部門売上）

（金額：億USドル）

順位	会社名	本社所在国	売上高	シェア
1	ロレアル	フランス	305.2	14.9％
2	ユニリーバ	英国・オランダ	213.3	10.4％
3	P&G	アメリカ	205.0	10.0％
4	エスティローダー	アメリカ	103.9	5.1％
5	資生堂	日本	77.7	3.8％
	⇩			
10	花王（含カネボウ）	日本	58.2	2.8％
11	ルイ・ヴィトンMH	フランス	49.4	2.4％
	⇩			
17	アモーレパシフィック	韓国	33.2	1.6％
	⇩			
26	LG生活健康	韓国	17.6	0.9％

出所：韓国保健産業振興院（2014）p. 43により筆者作成。
（原出所：Women's Wear Daily, WWD Report 2014）

首位のロレアルは美容室などのプロ向けのヘアケア製品や化粧品全般でシェアが高く、第2位のユニリーバはスキンケアの「Dove（ダヴ）」や「ポンズ」「ヴァセリン」、ヘアケア製品の「モッズ・ヘア」などマスマーケットを中心とした商品構成である。第3位のP&Gもユニリーバと同様の傾向があるが、「SK-Ⅱ」や「Olay（オレイ）」ブランドは化粧品市場でのシェアも高い。第4位のエスティローダーは、化粧品メーカーとして資生堂やアモーレパシフィックに近い業態であり、化粧品ブランドとしての売上実績を表しているものといえる。フランスのルイ・ヴィトン社（LVMH）が第11位にランクされているが、同社は「Dior（ディオール）」や「GUERLAIN（ゲラン）」「GIVENCHY（ジバンシー）」などの複数の高級化粧品ブランドで有名である。資生堂は世界順位で第5位に位置しており、化粧品専業メーカーとして国際的な地位は高いものといえる。そのほかの日本企業としては、花王（カネボウを含む）が第10位にランキングされており、カネボウ化粧品の長年の世界的なブランド力を示すものといえよう。韓国の化粧品メーカーでは、アモーレパシフィックが世界第17位であり、続くLG生活健康は第26位に位置し、日本の大手二社に比較すると世界的な評価やシェアはまだ低い。しかしながら、日本の化粧品メーカーが売上を停滞させるなかで、アモーレパシフィックの最近の成長は著しく、化粧品部門では日本の花王に迫りつつある。

〈注〉

(1)　水越・境（2004）p. 33、ポーラ文化研究所 HP を参考にした。

(2)　当時の白粉（おしろい）には鉛白が使用されており、人体に有害な物質として鉛中毒による疾患を発症するものであった。

(3)　水越・境（2004）pp. 33-34、ポーラ文化研究所 HP を参考にした。

(4)　舘林（2010）pp. 11-15、ポーラ文化研究所 HP を参考にした。

(5)　朝鮮半島に高句麗、百済、新羅の三国が鼎立した4世紀頃から7世紀頃の時代である。

(6)　妓生（キーセン）は、中国の妓女制度が伝わったものといわれ、宴会などで楽技を披露する遊女である。

(7)　高尾（2014）pp. 179-180。

(8)　金・大坊（2011）pp. 89-90。

(9)　金・大坊（2011）pp. 98 から引用した。

(10)　金・大坊（2011）pp. 98 から引用した。

(11)　矢野経済研究所（2014）による。

(12)　1982年から「ソフィーナ（SOFINA）」ブランドで化粧品市場に参入した。

(13)　マスマーケット向けのヘアケア製品、ボディケア製品が中心である。

(14)　「肌研（ハダラボ）」「Obagi（オバジ）」「エピステーム」などの化粧品ブランドがある。

(15)　資生堂ホームページおよび井田（2012）pp. 59-77 を参考にした。

(16)　陶山・梅本（2000）pp. 154-157。

(17)　企業ブランド（コーポレートブランド）との表面上の結びつきは強くないが、企業の親ブランドが個別の製品ブランドを陰で保証していることが認知され、個別ブランドの信用力を強化する役割を果たす。

(18)　2015年1月に「エリクシール・プリオール」ブランドが廃止され、同年1月より、新たに年齢肌向けの「プリオール（PRIOR）」ブランドが発売となった。

(19)　井田（2012）pp. 83～100。

(20)　カネボウではかつて60以上あったブランドを約20ブランドに集約している。

(21) コーセーのホームページおよび井田（2012）pp. 111～123を参考にした。
(22) ポーラ化粧品のホームページおよび井田（2012）pp. 127～145を参考にした。
(23) DHCの公式ホームページを参照した。
(24) 同社ホームページによれば、2013年現在で直営店は209店舗である。
(25) ファンケルの公式ホームページの会社沿革を参照した。
(26) ロート製薬のホームページの歴史沿革を参照した。
(27) GMSは「General Merchandise Store」の略であり、日本語では「総合スーパー」と訳される。イオンモールやイトーヨーカドーなど、日常生活用品を総合的に扱う大衆向けの大規模な小売業態である。
(28) 機能性化粧品とは、肌の特定の症状の改善を目的として利用される化粧品のことである。
(29) 正式名称を「ブラミッシュバーム（Blemish Balm）」といい、皮膚科手術などで炎症を起こした肌を保護し消炎するために使われていた。BBクリームは、美容液や日焼け止め、化粧下地にファンデーションの機能が1本にまとめられている。
(30) 韓方化粧品とは、韓国独自の伝統的な韓方（漢方）薬や植物抽出成分を原料に使用した化粧品である。アモーレパシフィックでは「雪花秀」や「韓律」が該当する。
(31) 2003年に創業した韓国の中堅化粧品メーカーであり、日本ではイオングループの全国各店舗で販売されている。
(32) LG生活健康は韓国のコカコーラやサンキスト・ブランドの飲料を製造販売している。
(33) 1992年にステファニー化粧品として設立され、東京都港区に本社を置く化粧品、健康食品の製造販売会社。
(34) スキンフードは、日本においても代理店経由で全国的に店舗展開をしていたが、2018年10月に経営破綻（韓国における回生手続：日本の民事再生）し、経営再建中である。
(35) 2013年以降は、日韓の政治的な問題もあり日本人観光客は減少した。2015年は中東呼吸器症候群（MERS）による影響で、中国人訪韓者も減少している。
(36) 資生堂ホームページおよび井田泰人（2012）pp. 71-72を参考にした。
(37) 資生堂の2018年12月期での比率。地域を特定できないトラベルリテール事業、プロフェッショナル事業を除いた地域別売上から比率を算出した。

第3章

ブランド・ポートフォリオ戦略の競争戦略的視点からの考察

本章では、資生堂とアモーレパシフィックのブランド戦略を比較することにより、ブランド・ポートフォリオ戦略のポジショニングについて、競争戦略的視点から全社的戦略と個別的戦略の適合性を考察する。

1．ブランド・ポートフォリオ戦略

（1）ブランド・ポートフォリオ戦略について

ブランドは企業活動において重要な資産として位置づけられており、化粧品業界のほか多数の企業が市場で様々なブランドを使用している。そのため、各企業が有する複数のブランドについては、競争優位を保つために戦略的に管理し意思決定を行うことが必要とされている。ブランドのマネジメントにおいては、複数のブランドを組み合わせることで消費者に対するブランドのイメージを形成することや、市場での優位性を高めるための戦略として、近年ではブランド・ポートフォリオの管理が重視されている。

本章では、日本の資生堂と韓国のアモーレパシフィックのブランド・ポートフォリオ戦略を比較することで、両社のブランドの展開をブランド・ポートフォリオと競争戦略的視点から検討する。本章での研究の目的は、Aaker（2004）らによって、保有ブランドのリスク分散やシナジー効果として議論されてきたブランド・ポートフォリオ戦略について、Porter（1980、1985）を中心とした競争戦略的視点から考察し、ブランド戦略の新たな競争優位のポジショニング[(1)]を導くことである。本研究において Porter（1980、1985）の競争戦略の概念を考察にとり入れた理由としては、ブランドを製品の特徴や市場での競争優位という視点から検討するためである。ここでは、日本と韓国の化粧品業界を対象にして研究を進めることで、ブランドのポジショニングが競争優位の戦略上で重要な位置づけとなることについて考察する。また、これらの戦略の違いが近年の韓国化粧品業界の成長を支えるひとつの要因と考え、本研究では日本の資生堂と韓国のアモーレパシフィックの戦略を比較することで、競争戦略の概念からブランド・ポートフォリオ戦略の有効性を検討していくものである。

（2）既存研究からの位置づけ

Aaker（2004）は、ブランド・ポートフォリオ戦略とは、ブランドの範囲・役割・相互関係を明確にするものとしている。ブランドを追加することによって、ポートフォリオが強化されるときもあるが、ブランドを追加する場合にはそこに必ず明確な役割がなければならないとする[(2)]。概して Aaker は、ブランド・ポートフォリオ上で不必要に数の多いブランドは混乱を招き、さらに経営資源を十分に確保できないと指摘している。

Keller（2007）は、ブランドがポートフォリオ内でそれぞれ固有の役割を演じることで、顧客はブランド・ポートフォリオ内を回遊することができるとしている[(3)]。石井（1999）は、企業の限られた資源を多数あるブランドにどのように配分するかが問題であるとし、Calkins（2005）は、ブランドの優先順位や資源の配分など、ポートフォリオ上の意思決定の重要性を論じている。また、Kapferer（2002）は、ブランド・ポートフォリオとは、ある特定の市場を支配し、参入障壁を創り出し、新しい顧客を獲得し、ロイヤルティを生み出すための特定ターゲットに対するマネジメント上の対応の一つと見ている。

これらの既存研究から、ブランド・ポートフォリオ戦略が企業の経営戦略で重要な位置を占めること、そして市場での製品展開においては、ブランド・ポートフォリオを重視した運営が必要であることが導かれている。ブランド・ポートフォリオ戦略においては、市場の顧客セグメントへの適正なブランド配置と、重複によるカニバリゼーション[(4)]を回避するブランドのポジショニングが重要である。そのためには、自社のブランド全体を視野に入れた経営が必要であり、ブランド運営に関するマネジメントが要求される。経営資源の投入においても、保有する各ブランドへ資源を効率的に配分し、時には撤退や集中投入といった強弱をつけたブランド運営が求められる。選択と集中を実行するにはタイムリーな差別化と資源の集中が必要であり、そのためには恒常的にブランド・ポートフォリオを評価することが重要な要素といえる。

これに対して、Porter（1980、1985）が論じる戦略の優位性では、競争優位は低コストか差別化に絞られ、その基本戦略として、コスト・リーダーシップ戦略と差別化戦略、集中戦略の三つをあげている。そのなかで差別化戦略においては、自社製品に特異性が認められるような価値を付加し、買い手に価値を認知させるために製品イメージの差別化が重要であるとする。集中戦略は、セグメントを選択し、特定の買い手、特定の製品・サービス、特定の地域に経営資源を集中させる戦略である。また、集中戦略について、ターゲットとしたセグメントにおいてコスト優位を求めるコスト集中戦略と、ターゲットにおいて差別化を図る差別化集中戦略の二つに分けて論じている。

低コストによるコスト・リーダーシップ戦略では、低コスト戦略によって低価格製品を実現し他社よりも優位な競争力を有することになる。これは低価格製品が顧客に製品の利点として評価される場合であり、すべての製品分野に共通するものではない。価格のみが訴求点とならず製品の信頼性や効果を重視する化粧品のようなカテゴリーでは、市場でのシェアや販売量の増加に直接的に影響するものとはいえない。集中戦略においては、市場での特定セグメントや特定ニーズに特化することになり、全消費者の要求を満たすことはできず、大手化粧品メーカーがフルラインの製品で全市場をカバーしようとする動きとは反した面がある。もちろん、化粧品の各セグメントにおいては、市場細分化による製品の投入が必要であり、年齢層や顧客ニーズに対応する多種の製品展開が必要といえよう。しかしながら、特定市場に経営資源を集中化する特化戦略は、高級志向でのブランド展開や特定年齢層をターゲットとした一部の化粧品メーカーでは有効となっている。消費者の購買志向が多様である製品においては、コストの優位性のみでは経営資源の集中化の効果を明言できないが、特定セグメントの支配を狙った差別化集中戦略は、高級化粧品のカテゴリーや、アンチエイジングに特化した化粧品ブランドという意味において競争優位を確立できるといえる。

Porter（1980、1985）の競争戦略において最も注目できるのが差別化戦略といえ、市場での優位性を製品やサービスの差別化によって高めるものである。化粧品においては、同一のカテゴリーに複数のブランドが競合し、自社ブランド間においても製品間の競合が生じることになる。一見すると化粧品の機能や効果は同じに見えても、外観のデザインやプロモーションによるブランドイメージに差異性をもたらすことで、他社ブランドや自社ブランド間での差別化の効果を生み出すことができる。多機能化や高級化は高コストとなるが、化粧品ブランドにおいては最も理解しやすい差別化といえる。しかしながら、他ブランドとの差異が明確な差別化要素として顧客に認識されない場合や、価格に見合う差別化のプレミアムと理解されない場合には、価格での競合となるであろう。品質差による垂直的差別化は化粧品ブランドにおいては一般的であり、ブランドのコンセプトとして「自然派」や「特殊原料」といった消費者の選好の多様性に基づいた水平的差別化も行われている。ニッチな市場での戦略も水平的差別化であり、幅広いブランドを展開する化粧品メーカーにおいては、複数の差別化戦略を同時に行うことが訴求力を高める手段になるといえよう。

Porter（1980、1985）の競争戦略の概念からブランド・ポートフォリオ戦略を見ると、各セグメント上での製品ブランドの特異性という差別化要素、特定ブランドに経営資源を集中してメガブランド化する集中戦略に共通的要素を見いだせる。Aaker（2004）や石井（1999）、Calkins（2005）の論じるブランド・ポートフォリオ戦略での経営資源の集中と差別化の主張は、Porter（1980、1985）の競争戦略論をとり入れた新たな考察が可能である。競争戦略で論じられた差別化戦略は、ブランド・ポートフォリオの議論における同一セグメントでの重複の回避や、各ブランドが演じなければならない役割の明確化という論点において、Porter（1980、1985）の競争戦略論からの説明が可能である。

Aaker（2004）らによるブランド・ポートフォリオの先行研究では、主にポジショニング全体の有効性とリスク分散に着目されており、製品の特徴に合わせたポジショニングの議論はなされていない。Porter（1980、1985）の競争戦略では製品（商品）としての市場での戦略が論じられており、ブランドを製品的特徴に関連させて捉えることが本研究での試みとなっている。従来の視点によるブランドのポジショニングを、新たな比較の基準によって製品の特徴から見たポジショニングとして捉えており、先行研究では十分に検討されていない分野といえる。本研究においては製品の特徴をブランドの訴求点として識別し、ブランド・ポートフォリオの違いを、企業が展開する製品特性の領域として比較することを新たな考察の試みとしている。本章では、日本の資生堂と韓国のアモーレパシフィックにおける製品の特徴に焦点を当て、ブランドが製品に結びついて有する機能性や価格帯、特殊性という観点から、全社ブランドと個別ブランドの戦略におけるポジショニングの適合性について検討するものである。

2．資生堂のブランド・ポートフォリオ戦略

（1）資生堂のブランド戦略の特徴

資生堂の近年の動きとして、基幹ブランドへの集中的なマーケティング投資があげられる。資生堂は2004年までにブランド・ポートフォリオの改革に着手し、100以上に増加したブランドを集約しようとした。しかし、この間にも新規ブランドが導入され続けた結果、2004年までにブランド数は減少することはなかった。資生堂はこの時期の「ブランド数増加による負のスパイラル」に対応すべく、2005年から2008年にかけて育成ブランドを35から27に絞り込み、さらにメガブランドの6ブランドに注力する「メガブランド戦略」をとっている。この戦略では市場を価格帯と用途でセグメントし、自社ブランドを「顧客接点拡大ブランド」と「顧客接点深耕ブランド」の二つに分類しており、この時期に国内シェアは顕著に回復している[5]。このことから、資生堂が2000年頃までにブランド数を多く抱え、各ブランドの管理コストが膨らむことで収益性や焦点が絞れなくなっていたことが説明できる。

確かに、1980年代から1990年代にかけて、資生堂の商品開発においては「ブランドの乱発」が行われていた。これは多様化する顧客ニーズと、流通チャネルの変化に対応するために、カテゴリーを問わず、ブランドを専門化、細分化して総合力で競争するという戦略であった。その結果として、多数のブランドが吸引力を弱め、ブランドの区別もつきにくい状況を生み、さらに開発やマーケティングコストが増加してしまう「負のスパイラル」に陥っていった（櫻木、2011）。それは、管理や経営資源の投下の意思決定が困難になるという事態を生んだものである。その後のブランドの育成においては、それまでのターゲットを絞り込む「セミフルカバレッジ戦略」から、すべての顧客をターゲットにする全方位型の「フルカバレッジ戦略」に移行することで、投資の分散を解消し、各カテゴリーのメガブランドに対する効率的な投資環境を整えることになる。

資生堂の基本的な各製品展開は、同社が国内で持つ高評価の企業ブランドの価値の上に立脚したものであり、実際に資生堂の各製品ブランドには、資生堂のコーポレートブランドが併記されているか、または有効なエンドーサーとして保証されているものである。Aaker（2004）らが論じているように、資生堂の高いブランドパワーは、コーポレートブランドとして最適のモデルであり、コーポレー

トブランドをマスターブランドとして拡張することが効果的である。Ries（1998）が論じている「企業名をブランド名の上に併記する手法[6]」は、まさに資生堂のブランド戦略の例にあてはまるものといえる。メガブランドに集約して効率化を進めた後も、資生堂のコーポレートブランドと保証付製品ブランドによる戦略が有効であることが重要な要素である。

（2）資生堂のブランド・ポートフォリオ

図3－1は、資生堂のブランド・ポートフォリオを示しており、主要ブランドを価格帯で三段階に区分し、用途別、原料などの特殊性のカテゴリーでブランドを配置している。中低価格帯を中心に全方位型の「エリクシール」や「インテグレート」「マキアージュ」などのメガブランドと、高価格帯を中心とするカウンセリング対応の「クレ・ド・ポー ボーテ」などのリレーショナルブランドが配置されている。

資生堂のブランド・ポートフォリオを見ると、アモーレパシフィックに比較して特殊原料や自然派のカテゴリーへの傾注度は低い。主要な各ブランドは特殊性をアピールすることよりも、機能性と資生堂のブランドイメージの統一性を重視しているものである。特殊な原料等での差別化ではなく、長年の皮膚科学の研究実績をアピールしたブランド展開となっている。また、用途別と価格帯の同一セグメント内に複数のブランドが存在するが、それぞれのブランド間での機能性やイメージの調整、価格帯やローカル対応の細分化などによって差別化が図られている。

資生堂が2005年にメガブランド戦略に至った経緯を考察すると、各顧客セグメント上に複数の製品ブランドを投入し、ブランド・ポートフォリオが複雑化したことが要因であり、結果としてブランドの複数投入戦略が失敗したという結論を導くことができる。Aaker（2004）が論じているように、ブランドを追加する場合には、そこに必ず明確な役割がなければならず、ポートフォリオ上に不必要なブランドが多数存在したことが、顧客の混乱と各ブランドの弱体化を招いたことを指摘できる。また、従来の制度品チャネルを中心に開始されたブランド・ポートフォリオにおいて、チャネルの変遷に伴って、その対応商品のブランド構成の問題が解消されていなかった結果であると論じることができる。

現在の資生堂のブランド・ポートフォリオは比較的シンプルに機能しており、

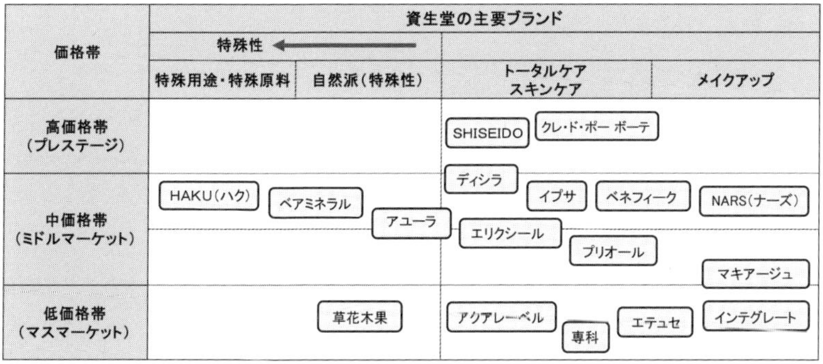

価格帯	資生堂の主要ブランド			
	特殊性 ←			
	特殊用途・特殊原料	自然派(特殊性)	トータルケア スキンケア	メイクアップ
高価格帯(プレステージ)			SHISEIDO、クレ・ド・ポー ボーテ	
中価格帯(ミドルマーケット)	HAKU(ハク)	ベアミネラル、アユーラ	アユーラ、ディシラ、イプサ、ベネフィーク、エリクシール、プリオール	NARS(ナーズ)、マキアージュ
低価格帯(マスマーケット)		草花木果	アクアレーベル、専科、エテュセ	インテグレート

出所：資生堂アニュアルレポート（2012、2013、2014、2015)、資生堂のホームページを参考に筆者作成。
低価格帯：3000円未満、中価格帯：3000円～8000円、高価格帯：8000円以上。
価格帯については、代表的なクリーム、美容液（一般的容量）を中心に、大阪市内の国内主要百貨店、楽天市場の中心価格帯とした。(価格調査は2015年4月18日～4月30日に筆者が実施。)

図3-1　資生堂のブランド・ポートフォリオ

現状のチャネルに合わせた効率的な運営が可能となっている。ブランドの集約や統合といった作業は、本来であれば非常に困難なプロセスを経ることになるが、資生堂の高評価のコーポレートブランドの下で有効であったものである。「資生堂ブランド」のコーポレートブランドでなければ、集約後のブランド認知には時間を要し、また、集中的なプロモーション戦略による周知を行うための経営資源も得られなかったであろうことが指摘できる。

3．アモーレパシフィックのブランド・ポートフォリオ戦略

(1) アモーレパシフィックのブランド戦略の特徴

アモーレパシフィックの化粧品ブランドは、各製品ブランドが独立した個別ブランドとして、価格帯、機能性の顧客ニーズ、使用原料による差別化などでセグメントされ、特徴のある各製品ブランドは一定の評価とシェアを有している。また、各ブランドを見ると、「韓方」「自然界の特殊原料」「植物成分由来」などの特殊性によって分類され、さらに「美白」「加齢防止（しわ改善)」「保湿力」といった機能性で差別化されている。このため、ブランド間での重複を回避するコ

ンセプトで各ブランドが形成され、カニバリゼーションを防止する対策がとられている。

アモーレパシフィックにおいては、「アモーレ（AMORE）」ブランドを1964年から使用しているが、実際の社名は最近まで太平洋化学であった。韓国語の社名と化粧品のブランドイメージが連想し難く、ブランドイメージを高めるために、必然的に個別ブランド戦略がとられたものと考えられる。また、個別ブランド戦略のもう一つの理由としていえることは、欧米や日本などの化粧品に比較して、原料の特殊性や効果の強調といった差別化がある。これは安全性や技術の信頼性を重視する化粧品にとっては、一見して差別化要素でもあるが、一方では副作用などのリスクも包含している。このようなレピュテーションリスクを回避するうえで、機能性を高めた化粧品や特殊原料を使用する製品ラインでは、そのリスクを常に考慮しなければならない。このことはCalkins（2005）が論じているが、問題が生じた場合にも、個別ブランド戦略ではリスクをそのブランドだけにとどめることができる(7)。新規性や先進性を標榜するうえで、この理由による個別ブランド戦略による効果は大きいものといえる。このような背景から、アモーレパシフィックは個別ブランド戦略によって先進的な技術の採用や、新しい原材料の製品への採用といった差別化戦略を展開できており、個別ブランドは製品開発に合わせた有効なブランド戦略となっている。

（2）アモーレパシフィックのブランド・ポートフォリオ

図3－2は、アモーレパシフィックの主要ブランドを価格帯で三段階に区分し、用途別、特殊性のカテゴリーでブランドを配置した同社のポートフォリオを示している。スキンケア、トータルケア、メイクアップといった通常のカテゴリーのほか、韓方や自然派といった特殊性のある化粧品ブランドが各価格帯に配置されている。それぞれの製品ブランドが多様な顧客セグメントに対応できるような構成となっており、高価格帯のプレステージブランドは「雪花秀」などの限定されたブランドであるが、中低価格帯ブランドをボリュームゾーンの製品群として、多めのブランドが配置されている。低価格帯でのフルラインの化粧品としては、「エチュードハウス」や「イニスフリー」などのブランドがあり、それぞれが個別に単独でブランドショップを多数展開するメガブランドである。高価格帯ブランドは韓方や特殊原料に特化し、それぞれに特徴を持たせて差別化しており、同

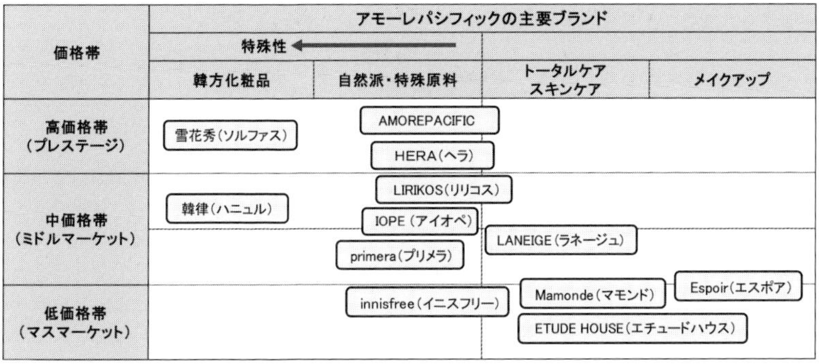

価格帯	アモーレパシフィックの主要ブランド			
	特殊性 ←			
	韓方化粧品	自然派・特殊原料	トータルケア スキンケア	メイクアップ
高価格帯（プレステージ）	雪花秀（ソルファス）	AMOREPACIFIC HERA（ヘラ）		
中価格帯（ミドルマーケット）	韓律（ハニュル）	LIRIKOS（リリコス） IOPE（アイオペ） primera（プリメラ）	LANEIGE（ラネージュ）	
低価格帯（マスマーケット）		innisfree（イニスフリー）	Mamonde（マモンド） ETUDE HOUSE（エチュードハウス）	Espoir（エスポア）

出所：キム（2013）、アモーレパシフィック（2013、2014）を参考に筆者作成。
低価格帯：3000円未満、中価格帯：3000円～8000円、高価格帯：8000円以上。
価格帯については代表的なクリーム、美容液（一般的容量）を中心に、ロッテ百貨店、ロッテ免税店の店頭中心価格帯とした。（価格は2015年５月１日～５月３日に筆者が韓国で調査、１ウォン0.1円。）

図３－２　アモーレパシフィックのブランド・ポートフォリオ

様に中価格帯も韓方原料や自然派化粧品の差別化されたブランドを有し、さらに機能性で各顧客層への対応に特徴を持たせている。低価格帯のブランドを見ると、「エチュードハウス」は若年層向けでカラフルなメイクアップ、「イニスフリー」はハーブ原料による自然派化粧品として対象年齢層や顧客層を広げ、二つのブランドの重複やカニバリゼーションを回避する差別化が行われている。

アモーレパシフィックのブランド・ポートフォリオの特徴は、韓方化粧品や植物原料を使用した自然派化粧品に特化したブランドが多く、特殊性を前面に出したブランド展開となっている。特に韓方化粧品や自然派化粧品の原料となる高麗人参や竹の樹液、自社栽培の緑茶など、顧客に化粧品原料をアピールしたプロモーションが行われており、特殊性を明確にすることでブランドの差別化が行われている。

このような特殊性の高さ、つまり各ブランドがニッチな分野を開拓していることから、アモーレパシフィックのブランド・ポートフォリオでは、セグメント内での重複によるカニバリゼーションが発生しにくい構造となっている。それは適当なブランド数と、明確なコンセプトと差別化戦略によるところが大きい。このことは、資生堂が製品ブランド数を拡大し過ぎ、ブランド間の位置づけやコンセプトが不明確なままに、2005年前後まで撤退と新規ブランド投入を繰り返した戦略とは対照的である。

4．ブランド戦略の比較と考察

（1）ブランド戦略の比較

図3－3は、両社の主要ブランドの展開を図示したものである。資生堂はコーポレートブランドを中心とした全社ブランドによる展開であり、主力のメガブランドはコーポレートブランドの傘の下にある。ノン資生堂と呼ばれる別会社による個別ブランドも展開しているが、代表的なブランドの構成は資生堂のブランド名を併記したコーポレートブランド群といえる。資生堂では、「in 資生堂」「by 資生堂」「out of 資生堂」としてコーポレートブランドの関与度を区別しながらも、コーポレートブランドのイメージ連想を重視したうえで、全社ブランドとしての評価を損なわないようにブランド間を調整し枝分かれさせている。別会社による「ノン資生堂ブランド」の多くは、コーポレートブランドから完全に独立したものではなく、いわゆる資生堂による「シャドウ・エンドーサー・ブランド」といえる。これは保証付きブランドのように目に見えるような形では結びついていないが、多くの消費者がつながりを認知しているというブランドである。表面上は資生堂の存在から独立しているが、資生堂という強力な組織がブランドの後ろ盾になっていることによって、親ブランドから連想されるイメージで優位性が引き出されるものである。

一方で、アモーレパシフィックのコーポレートブランドとしての全社ブランドは、自社の企業名を冠するブランドの「AMOREPACIFIC（アモーレパシフィック）」のみである。その他のブランドについては、個別の製品ブランドによる戦略であり、各製品ブランドは持株会社の下にあるグループ内の別会社で運営される形態や、各部門別に管理・運営されるブランドとなっている。アモーレパシフィックでは個別ブランド戦略を主軸としており、本社の傘下にある各部門別の製品ブランドがそれぞれ独立した意思をもってブランドイメージが育成されている。これは、コーポレートブランドから離れた個別ブランドの展開であり、企業名やコーポレートブランドのイメージ連想に拘束されずにブランドの追加が可能な形態である。また、大部分のブランドが個別にメガブランド化されており、韓国内と同じブランドでグローバルにも対応している。これらのことから、アモー

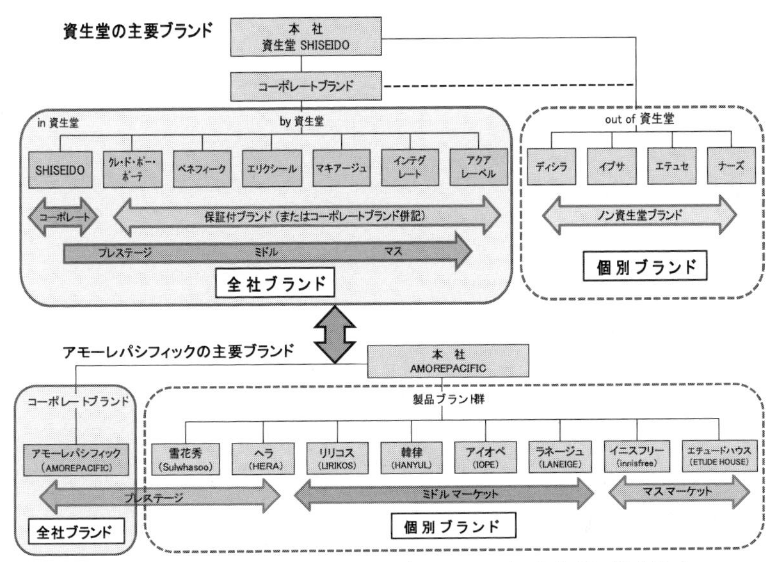

出所：資生堂およびアモーレパシフィック（2013、2014）を参考に筆者作成。

図3-3　ブランド展開の比較図（全社ブランドと個別ブランド）

レパシフィックのブランド展開は、個別の製品ブランドをメガブランド化させて、さらにそのままグローバルに対応するという共通戦略であるといえる。

（2）競争戦略的視点からの考察

図3-4は、Porter（1980）の競争戦略を図示したものである。Porter（1980、1985）が論じる競争戦略では、コスト・リーダーシップ戦略、差別化戦略、そして差別化とコストに分けられた集中戦略の選択となる。コストと差別化は互いに矛盾する関係にあり、特異性を発揮するにはコストを増やすことになる[8]。

差別化戦略においては、ターゲットとする広い市場において製品（ブランド）をポジショニングすることになるが、広いセグメントで顧客が価値を認識する差別化が必要である。化粧品ブランドでは信頼性や高い機能性の保証といった差別的要素が必要である。コスト・リーダーシップ戦略においては、化粧品ブランドは幅広い価格帯で展開されていることから、単純な価格戦略のみではなく、ブランドイメージや機能性の信頼度によって左右されることになる。差別化集中の戦略では、ターゲットとするニッチな市場において特殊性のある製品（ブランド）

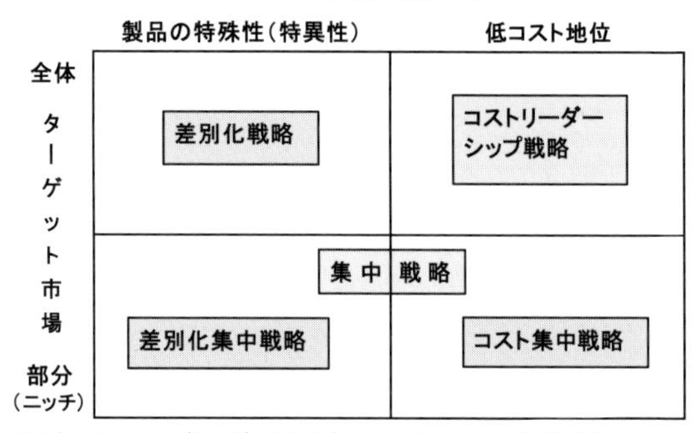

出所：Porter（1980）邦訳書 p. 61の図により筆者作成。

図３－４　Porter の競争戦略

を投入することになるが、すべての特殊性が顧客にとっての差別的価値に結びつくものではない。顧客に特殊性の差別的価値が認知される製品（ブランド）をポジショニングする必要がある。また、コスト集中戦略では、ターゲットとする狭いセグメントでコスト優位を求めるものであり、マスマーケット向けの全方位的な低価格帯ブランドではなく、狭いセグメントでの集中的な価格戦略といえる。

しかしながら、Porter（1980、1985）らの競争戦略の概念は、製品（商品）の市場における競争優位を論じたものであり、その枠組みだけではブランドにおける競争優位を示すには適していない。本研究では、製品の特徴をブランドが持つイメージや定義として関連づけ、製品の特徴とブランドの展開を検討する新たな枠組みとして、「機能性」や「価格帯」「特殊性」という軸によって考察するものである。

また、本考察における機能性と特殊性の定義として、機能性では特にスキンケア化粧品に着目し、その目的とする効果である「加齢防止」「保湿力」「肌の美白効果」といった機能力と定義する。特殊性の定義は、機能性を導く特殊な化学原料のほか、自然界の植物原料やミネラル類の使用、漢方や韓方といった伝統的な原料や製法、製造過程での発酵技術の採用という特殊な技術や配合方法などによる化粧品の特質の度合いとする。

図３－５は、Porter（1980、1985）らの競争戦略などの概念を参考にして、全社ブランドと個別ブランドの戦略的展開を対比したものである。それぞれの縦横

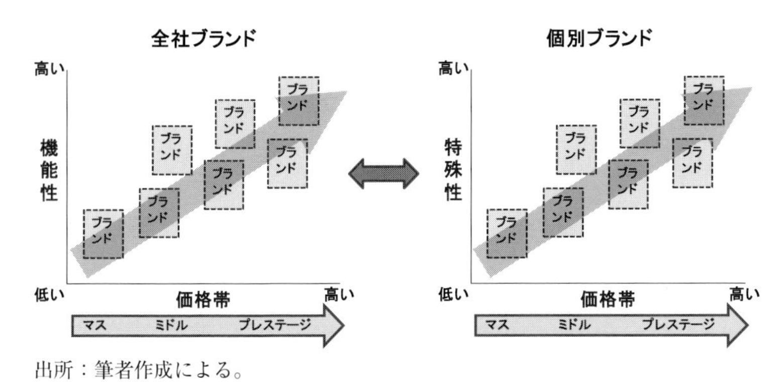

出所：筆者作成による。

図3－5　ブランド展開の比較

の軸について、全社ブランドでは「機能性」と「価格帯」で、個別ブランドでは「特殊性」と「価格帯」によって示している。

全社ブランドの展開モデルでは、機能性と価格帯のバランスによって各ブランドがポジショニングされ、価格帯を重視しつつ機能性を重視した戦略であると考える。すなわち、コーポレートブランドによる展開は、機能性を重視して価格プレミアムを創出する全社ブランドの戦略といえ、縦軸を「機能性」、横軸を「価格帯」とすると、各ブランドは機能性と価格帯のバランスに対応した位置関係を示すものといえるであろう。

一方の個別ブランドの展開モデルでは、特殊性と価格帯のバランスによって各ブランドがポジショニングされ、価格帯を重視しつつ特殊性を重視している戦略であると指摘する。特殊性を重視すればコストは増加することになり、特殊性は顧客に対する価格プレミアムとして価格帯に反映させることができる。たとえば、高級原材料の使用といった特殊性の付加価値を高めることによって、ブランドは価格プレミアムを創出することになるといえる。すなわち、個別ブランドによる展開は特殊性を重視した戦略といえ、縦軸を「特殊性」、横軸を「価格帯」とした図上では、各ブランドは特殊性と価格帯のバランスに応じたポジショニングがされることになる。

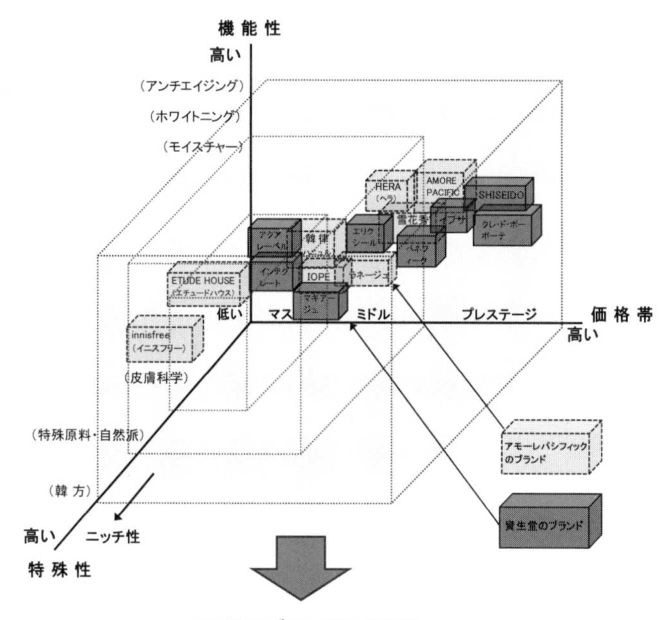

<2社のブランドの領域>

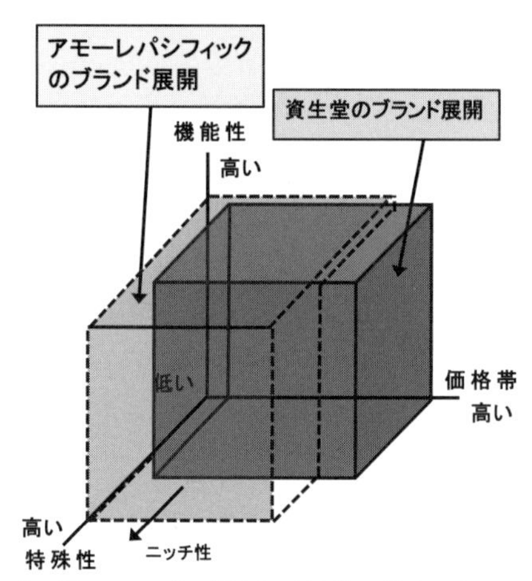

出所：資生堂、アモーレパシフィック（2013、2014）、各ホームページをもとに、沼上（2008、p. 258）の図を参考にして筆者作成。

図3－6　資生堂とアモーレパシフィックの主要ブランド展開

（３）ブランド・ポートフォリオの領域の比較

ブランド・ポートフォリオの構成における重要性については、Aaker（2004）らによって論じられている。ここでは、Aaker（2004）などによるブランド・ポートフォリオ戦略の競争優位の議論と、Porter（1980、1985）を中心とする競争戦略の概念から、三次元の図によって両社のブランド展開の範囲を比較検証している。

図３-６は、資生堂とアモーレパシフィックの化粧品ブランドを「機能性」「価格帯」「特殊性」の三つの軸（定義）で区分した三次元の図上で、両社の主要ブランドのポジショニングを示しており、さらに下側の図はそのブランド特性の領域を図示したものである。

この三次元の図からわかることは、両社がブランドを展開する領域は異なり、価格帯では資生堂の方が全体的に高めの価格帯に設定され、アモーレパシフィックでは特殊性に特徴があり、それぞれ機能性の訴求や特殊性という両社のブランドの特性は異なっている。

アモーレパシフィックのブランドは、その多くが特殊性を前面に出したブランドといえる。その特殊性は、韓方や自然派といったカテゴリーにおいて、高麗人参や緑茶成分などの特殊原料を多用することで、価格プレミアムと同時に製品の特殊性による差別化を図っていることにある。特殊な顧客ニーズを求めての製品展開ともいえるが、特殊原料等の希少性を前面に出すことによってブランドに差別的価値を与えている。特殊性を前面に出した「雪花秀」などの韓方化粧品ブランドや、その他の主要ブランドにおいても、自社栽培の緑茶成分や韓国伝統植物などの原料を付加価値の源泉としており、特殊性での差別化戦略に集中した傾向にある。

アモーレパシフィックは、韓方などの特殊性や加齢防止などの機能性に向けて強みを有するブランド展開であり、ブランド・ポートフォリオの領域はその二方向に大きく、特殊性を重視した差別化と、機能性での訴求力を高めた戦略に注力されている。このことから、アモーレパシフィックのブランド・ポートフォリオ全体は、特殊な原料や製法による差別化、顧客ニーズの機能性、低価格帯のカバーという要素を満たしており、各セグメントに対応したブランド構成といえる。価格帯については市場での評価や企業としてのブランド力、自国市場の価格水準に影響を受けるが、その他の定義においては、特殊性と機能性による差別化の大きいブランド・ポートフォリオの範囲といえる。

一方の資生堂では、特殊な原料使用などをコンセプトとしたブランドではないことから、特殊性の定義づけとしては弱い。機能性での差別化については、アモーレパシフィックと同等以上の技術水準を有するはずであるが、極端な機能性の主張はしておらず、使用による副作用を回避する技術実績をアピールすることで機能性の度合いが相殺されている。これは、コーポレートブランドの範囲のなかでの差別化として、基本的な機能性に重点が置かれており、特殊原料などの差別化要素を前面に押し出した展開ではないからといえる。その差別化要素としては、機能性の信頼度や従来からの皮膚科学分野での研究実績が中心である。価格帯においては、コーポレートブランドのイメージ戦略により高価格帯での評価を得ており、資生堂ブランドとして全価格帯をカバーしている。

これらのことから、資生堂は特殊性による差別化ではなく、自社の長年にわたる技術の安心感を主張した機能性での差別化への注力と、高いブランドイメージからの価格プレミアムを狙った戦略といえる。すなわち、資生堂のブランド・ポートフォリオの領域は、機能性と価格帯の二方向に大きく、技術力と信頼性を主張した機能性と、プレミアム価値を追求する価格帯での戦略が重視されているものである。資生堂は全社レベルのコーポレートブランドによるイメージ戦略を重視することで、従来からの皮膚科学の研究実績をもとにした顧客への訴求を行い、特殊性での訴求には積極的とはいえないブランド構成である。これは、ブランドの差別化に対する顧客認知度が低い場合には、ブランド間のカニバリゼーションを起こしやすい構造であるともいえる。

一方で、アモーレパシフィックは各ブランド間の差別化要素が顕著であり、セグメント内での重複によるカニバリゼーションを回避できるブランド配置であるため、ポートフォリオ全体のシナジー効果を期待できる構成といえる。このポートフォリオのシナジー効果が、近年のアモーレパシフィックの成長を導いた一つの要因ともいえるであろう。

この図3-6からいえることは、資生堂とアモーレパシフィックのブランド・ポートフォリオは、その構成において重視される範囲が異なるということである。資生堂は全社ブランド型の機能性重視の戦略、アモーレパシフィックは個別ブランド型の特殊性重視の戦略として説明が可能であり、本研究における新たな発見といえる。

5．小 括

本章では、資生堂とアモーレパシフィックのブランド戦略を比較することにより、ブランド・ポートフォリオ戦略のポジショニングについて、競争戦略的視点から全社的戦略と個別的戦略の適合性を考察してきた。既存研究でのブランド・ポートフォリオの議論は、その構成によるリスク分散やシナジー効果、効率的運用としての戦略的意義について多くが論じられてきた。これに対して本研究では、製品の特徴をブランド自体の特徴として関連づけたうえで、競争戦略的視点からブランド・ポートフォリオと、その構成の軸となるコーポレートブランド（全社ブランド）と個別ブランドの戦略の差異性を新たに考察した。その結果、資生堂に見られるコーポレートブランド戦略においては、全社ブランドの評価の下で機能性を重視した差別化戦略がとられ、それによるプレミアム価値を追求した展開であった。一方のアモーレパシフィックで見られる個別ブランド戦略は特殊性による差別化を重視することで、ブランド・ポートフォリオ上の重複を回避する展開であるとの事実発見を導いた。

また、三次元の図で比較することにより、資生堂は、機能性による差別化とその高い評価からの価格プレミアムを狙った戦略によって、ブランド展開の領域は機能性と価格帯の二方向に集中していることがわかった。一方で、アモーレパシフィックは特殊性や機能性を重視した戦略とみられ、ブランド展開の領域はその二方向に集中していることがわかり、これらは本研究での新たな事実発見といえる。従来のAaker（2004）らの議論やPorter（1980、1985）の競争戦略の概念による考察のみでは、コーポレートブランドと個別ブランドによる戦略のポジショニングの適合性を明らかにできなかったが、三つの軸で示すことによって明らかにすることができたものである。

本研究は、先行研究で検討されなかった新たな概念において、ブランド戦略を考察した一つの事例であり、今後のブランド戦略の研究に貢献するものと考える。

〈注〉

（1） Porterによる理論をもとに、市場における自社の競争優位の戦略的位置づけとする。

（2） Aaker（2004）邦訳書pp. 14-19。

（3） Keller（2007）邦訳書p. 689。

（4） カニバリゼーション（cannibalization）とは、自社の商品が自社の他の商品を侵食する「共食い」現象を指し、また、ブランドにおいてはブランド拡張による新しいブランドが、親ブランドと競合して売り上げを奪い合う現象をいう。

（5） 櫻木（2011、pp. 37-41）、山本（2010、pp. 44-49）を参考にした。

（6） Ries（1998）邦訳書p. 175。

（7） Calkins（2005）邦訳書p. 119。

（8） Porter（1985）邦訳書p. 25。

第4章

製品アーキテクチャ論から見たブランド戦略

本章では、日本の資生堂とカネボウ、韓国のアモーレパシフィックとLG生活健康の化粧品ブランドの展開について考察し、各々のブランドの創出から展開に至るプロセスを製品アーキテクチャの概念から考察する。

1．製品アーキテクチャの概念について

（1）製品アーキテクチャの概念から見た化粧品ブランド

本章ではブランド戦略のうち、コーポレートブランドによる戦略と個別の製品ブランドによる戦略について、日本と韓国の化粧品業界を事例として製品アーキテクチャ論の概念から考察し、新たな視点と枠組みからブランド戦略の特性を検証する。

本章での研究の目的は、Aaker（2004）らによって議論されてきたコーポレートブランドと個別の製品ブランドによる各戦略の優位性について、藤本（2001）らによって論じられる「製品アーキテクチャ」の概念による新たな視点から考察することである。ここでは、ブランドとその集合体を全社のブランド・システムとして捉え、そのブランド・システムの完成形を「ものづくり」の概念から分類することで、「擦り合わせ型」と「組み合わせ型」というブランド展開の新たな概念を導いていくものである。

また、本章では、資生堂とアモーレパシフィックに加え、日本の化粧品業界からカネボウ化粧品[(1)]（以下「カネボウ」とする）を追加でとり上げ、一方の韓国からは、業界の二番手であるLG生活健康を研究対象としてとり上げている。その理由は、これらの日韓の各メーカーは、古くから日本と韓国を代表する化粧品メーカーであり、各社ともにそれぞれの国内でのシェアと企業規模、化粧品での一定数以上のブランドを有するという背景から、戦略の比較対象として有意であると判断したためである。

日本における資生堂やカネボウなどの制度品メーカーが、その強力なコーポレ

ートブランドを軸とした戦略でマーケティングを行ってきたのに対し、韓国大手のアモーレパシフィックやLG生活健康などの化粧品メーカーでは、コーポレートブランドに依拠した展開は行っていない。韓国のアモーレパシフィックとLG生活健康においては、独立した個別の製品ブランドがそれぞれ個別の価値と評価を高めることで、近年では各ブランドが海外市場へ進出するなど、個別ブランド戦略を軸に展開している。これらの事例から、コーポレートブランドを中心としたブランド戦略における特徴、個別の製品ブランドによる戦略の特徴に着目した。コーポレートブランドを中心とした展開においては、コーポレートブランドと製品ブランドの間で生じる各ブランド・アイデンティティの干渉が想定され、ブランドイメージに対するコーポレートブランドの影響という面から、各製品ブランドの独立性への制限が考えられる。一方の個別の製品ブランドによる展開においては、コーポレートブランドの影響が低いために各製品ブランドの独立性が保たれており、各々のブランドがコーポレートブランドによる干渉を受けない位置づけでの展開が可能である。すなわち、個別の製品ブランドによる展開ではコーポレートブランドに拘束されず、各ブランドに自由なブランド・アイデンティティを与えることができるものといえる。

これらのことから、製品アーキテクチャの概念を援用すると、日本の資生堂やカネボウは、コーポレートブランドを軸として傘下の各ブランド間の調整を行うことによって、保有ブランド全体をシステム化していく「擦り合わせ型」のブランド展開であると考える。これに対して、韓国のアモーレパシフィックやLG生活健康では、個別の製品ブランドを各セグメント上で独立して機能させる「組み合わせ型」の展開であるといえる。概して韓国の化粧品業界では、このような組み合わせ型の個別ブランド戦略をとっており、アモーレパシフィックなどの大手メーカー以外の新興化粧品ブランドにおいてもその傾向を指摘できる。

本研究では、これらのブランド戦略を「擦り合わせ型」と「組み合わせ型」という製品アーキテクチャの概念にあてはめ、その理論から日本と韓国における化粧品ブランドの戦略を比較していくことで、新たなブランド戦略の枠組みを提示するものである。本研究は、「ものづくり」の研究分野で多くが議論されていた概念について、無形資産である「ブランド」において適用するという新たな試みである。新たな枠組みから二つのブランド戦略を考察することで、今後のマーケットにおけるマルチブランド戦略の判断や、新規ブランドの立ち上げ時における検討への参考となるものといえよう。

（2）既存研究からの位置づけ

製品設計の基本思想である「製品アーキテクチャ」の概念は、部品設計の相互依存度により、「擦り合わせ型（インテグラル型）」と「組み合わせ型（モジュラー型）」の大きく二つに分類される。擦り合わせ型は、部品間で相互に調整を行い最適な設計をしなければ製品全体の性能が発揮されず、機能と部品が「1対1」の関係でなく「多対多」の関係にある。一方の組み合わせ型では、部品（モジュール）の接合部（インターフェース）が標準化されており、これらを寄せ集めて組み合わせれば多様な製品ができることから、部品が機能完結的であり機能と部品の関係が「1対1」に近いものである（Ulrich、1995；藤本、2001）。

藤本（2001）によれば、擦り合わせ型製品は各部品の設計者が相互に設計の微調整を行い、緊密な連携をとる「擦り合わせの妙」で製品の完成度を競うのに対し、組み合わせ型製品は、部品間の擦り合わせの省略により「組み合わせの妙」による製品展開を可能とするものである(2)。また、日本企業はインテグレーション（統合）の組織能力に長じており、自社の組織能力の強みが「擦り合わせ」の能力であるとしている（藤本、2007）(3)。

また、藤本（2007）は、「ものづくり」の定義を広義に捉え、人工物によって顧客満足を生み出す企業活動の総体とし、「人工物」の定義を「あらかじめ設計されたもの」の総称として、金融商品やサービス業にアーキテクチャの概念をとり入れている。そして、サービスのアーキテクチャとして、機能要素群と活動要素群が1対1の関係であれば「モジュラー（組み合わせ）型のサービス業」であり、多対多の複雑な関係であれば「インテグラル（擦り合わせ）型のサービス業」であると論じている。そのほかに、臼杵（2001）は、金融業のプロセスにおいてアーキテクチャの理論を展開しており、武石・高梨（2001）は海運業のコンテナ化に至るプロセスを、アーキテクチャの概念からモジュラー化として説明している。加えて、柴田・児玉（2009）は、企業システムの設計思想として「マネジメントアーキテクチャ」の概念を論じており、企業システムの最適化のための経営要素をアーキテクチャの概念で広範囲に捉えている。これらの既存研究においては、無形のビジネス・プロセスが製品アーキテクチャの概念で説明されており、人工物の設計思想という概念から広義に適用されているものである。この概念を適用すれば、「ブランド」も人工物としてあらかじめ設計されたものであり、ブランドは有形、無形の製品やサービスに結びついて機能していくものといえる。

（3）問題意識と研究方法

Aaker（2004）らによるブランド戦略の既存研究では、コーポレートブランドと個別ブランドの各戦略について、無形資産であるブランドをシステムとして捉えた場合には説明できない面が多い。しかし、製品アーキテクチャの概念によってブランドをシステムとして捉えた場合、コーポレートブランドによる戦略は全社ベースのインテグレーションを重視することで「一つのブランド」をつくり、個別ブランド戦略ではミックス・アンド・マッチによって「全体の顔」をつくるという説明が可能である。

化粧品の製品カテゴリーやセグメントにおいては、同じセグメント上に多数のメーカーやブランドが存在している。一つの化粧品メーカーにおいても、同じセグメント上に複数のブランドがポジショニングされるケースも少なくない。化粧品ブランドにおいて、各ブランドの位置づけと、そのブランド構築のプロセスを製品特性と全社のブランド・システムの完成という観点から切り分けることで、新たなルールづけが可能であると考える。無形資産であるブランドについて、ものづくりの概念をとり入れることで、ブランド戦略を新たな枠組みから判断することができ、戦略の有効性と一貫性を観察する一つの尺度となるものである。無形資産であるブランドをものづくりの製品と比較した場合には、最終製品としての完成形やその最終的な効果を示すことが難しい。しかしながら、先に示した既存研究においても金融商品やサービス業における製品アーキテクチャの概念が論じられており、ビジネスのプロセスなどが「擦り合わせ型」と「組み合わせ型」の分類に切り分けられている。「人工物」という概念から広義に製品アーキテクチャ論を捉えることで、ブランドを「あらかじめ設計された人工物」の集合体として、全社のブランド・システムの完成という概念で説明することも可能であろう。このブランド・システムの完成とは、全社のブランド・ポートフォリオの完成、すなわち企業の目指すブランド戦略の理想形であり、企業戦略のうえで最も効果的で効率的となる姿であるといえる。

図4－1は、「組み合わせ型」のブランド構成のイメージを示したものである。各製品ブランドを製品の部品として見た場合、各部品（ブランド）が単独に機能

全社ブランド・システムの完成（イメージ図1）

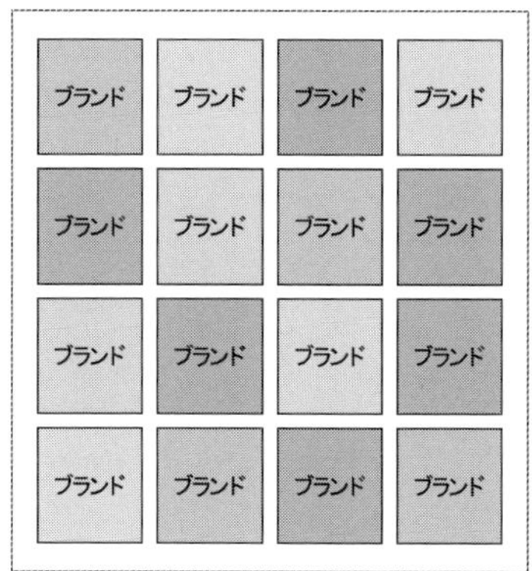

（最終製品 ＝ 全社のブランド・ポートフォリオの完成）

全社ブランド・システムの完成（イメージ図2）

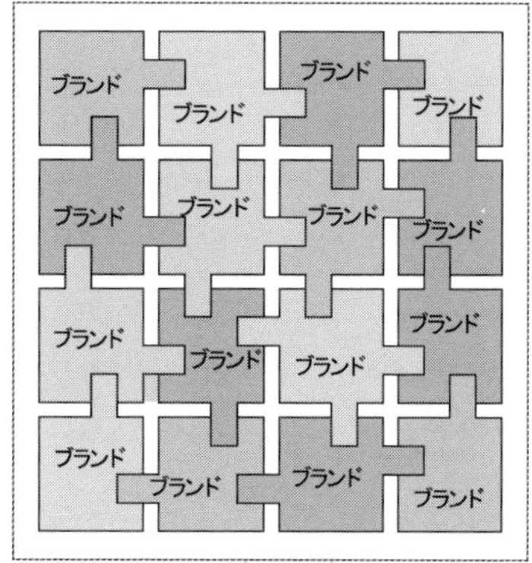

（最終製品 ＝ 全社のブランド・ポートフォリオの完成）

出所：筆者作成による。

図4－1　組み合わせ型ブランドのイメージ図

し組み合わされることで最終製品としてのブランド・ポートフォリオが完成する（左側のイメージ図1）。また、規格化されたインターフェースの下で各部品（ブランド）が組み合わされ、最終製品となるブランド・ポートフォリオを完成させる（右側のイメージ図2）。各部品としての製品ブランドは、コーポレートブランドや他のブランドとの間において独立して機能するか、接合部としての干渉点をルール化することによって各ブランド間の影響度合いは限定的となる。

図4－2は、コーポレートブランドを中心とした「擦り合わせ型」のブランド構成のイメージを示している。コーポレートブランドを主軸として、その派生としての製品ブランドやコーポレートブランドの保証下にある製品ブランドが展開される。各製品ブランドとコーポレートブランドの間では、ブランド・アイデンティティやイメージ連想においての調整作業が必要であり、その接合部（インターフェース）は複雑に干渉しあっている。コーポレートブランドのイメージ連想の範囲内においてブランド間の微調整の作業が行われ、その微調整は「擦り合わせ」の過程に相当するといえる。各製品ブランドはコーポレートブランドの影響下で創出されることから、コーポレートブランドの有するブランド・アイデンティティから逸脱しない範囲で、ブランドネーム以外にも微妙な相違点を構成する必要がある。この複雑な関係を全社のブランド・システムの完成から見たのがこのイメージ図であり、最終製品としてのブランド・ポートフォリオを完成させる

全社のブランド・システムの完成（イメージ図）

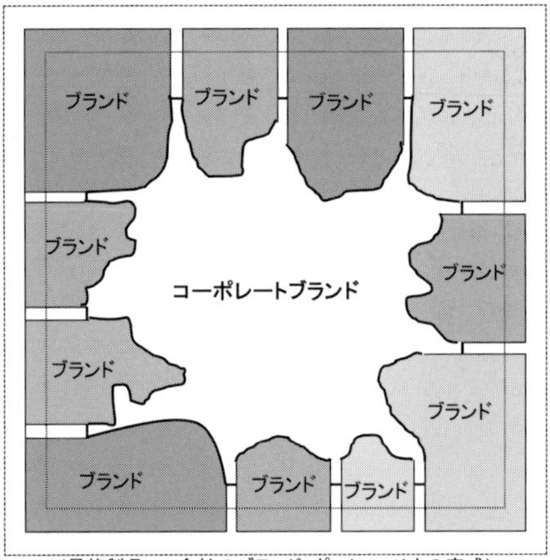

（最終製品 ＝ 全社のブランド・ポートフォリオの完成）

出所：筆者作成による。

図４－２　擦り合わせ型ブランドのイメージ図

ために各製品ブランドは微妙な関係でつながり合っている。主軸となるコーポレートブランドの影響度合いは大きく、各ブランドを並列的に独立して配置するだけでは全社のブランド・システムは完成されない。全社のブランド・システムの完成が化粧品企業の目指す理想の姿であり、それはブランド・ポートフォリオが効率的かつ有効に作用する完成形となることで、「ものづくりの最終製品」に該当するものとして論じるものである。

また、本研究で着目するのは、ブランド構築における検討プロセスであり、それは製造面とも関連性が高い。製造における水平分業と垂直統合という面からは、資生堂が自社の内製化の強調と生産面での垂直統合によってコーポレートブランドを強化してきたのに対し、アモーレパシフィックでは OEM 製造の水平分業に積極的である。これらの生産面での現象は、製品アーキテクチャ論における「擦り合わせ型」と「組み合わせ型」の特徴として説明が可能である。「ものづくり」の既存研究においては、デジタル家電などのコモディティ化が進むことで、同時に製造面でのモジュラー化（組み合わせ）が進むことが議論されている。そして同時に、製品の開発や製造の各段階において、外部への発注によって製品化する水平分業が進む傾向にある。一方で、自動車産業を代表とする工業製品においては、製品の完成度を向上させるために設計段階や部品製造においての微調整が行

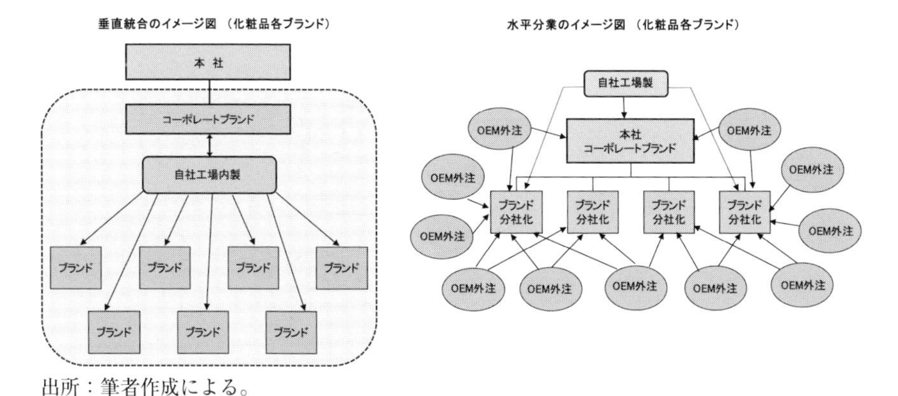

出所：筆者作成による。

図４－３　化粧品ブランドの垂直統合と水平分業のイメージ図

われ、労力と時間をかけた擦り合わせの作業によって製品の競争力を高めている。この「擦り合わせ」に対応すべく、技術開発から生産、販売、サービスの提供など異なった業務を企業（グループ）内で担うビジネスモデルとして垂直統合が行われる。化粧品業界においての擦り合わせ型の生産モデルや販売モデルは、資生堂などの制度品メーカーが長らくチェーン店制度の構築過程で行ってきたことである。図４－３は、化粧品ブランドを企業の生産面から考察し、垂直統合と水平分業のイメージ図を示したものである。「擦り合わせ型」と「組み合わせ型」としてのブランド戦略は、これらの生産面の特徴からも製品アーキテクチャの概念を適用できるものといえる。

これらのことから、製品アーキテクチャ論の「擦り合わせ型」と「組み合わせ型」の概念について、これをブランド展開のプロセスに置き換えると、コーポレートブランドを中心としたブランド展開が「擦り合わせ型」であり、個別の製品ブランドによる展開が「組み合わせ型」と考える。企業の組織能力に基盤を置いたコーポレートブランドによる戦略は、長年にわたって築かれた企業の評価や信頼といった要素や、枝分かれしたブランド間の調整を要するものである。一方で、コーポレートブランドとは無関係に、個別の製品ブランドを各セグメントにポジショニングしていく戦略は、各ブランドを自社のポートフォリオ上に計画的に配置し組み合わせていくことで、ブランドを効率的、効果的に展開できるものといえる。

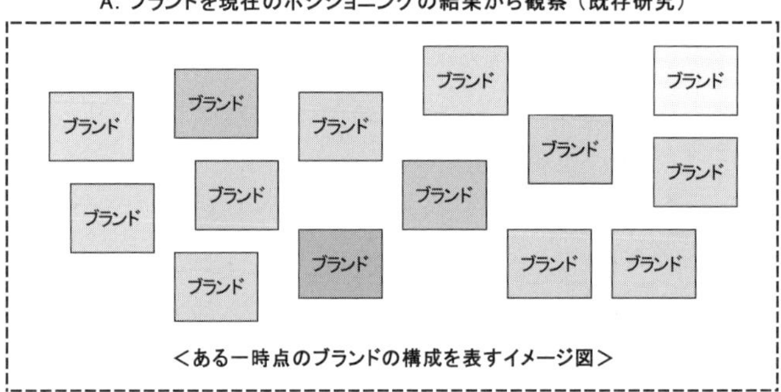

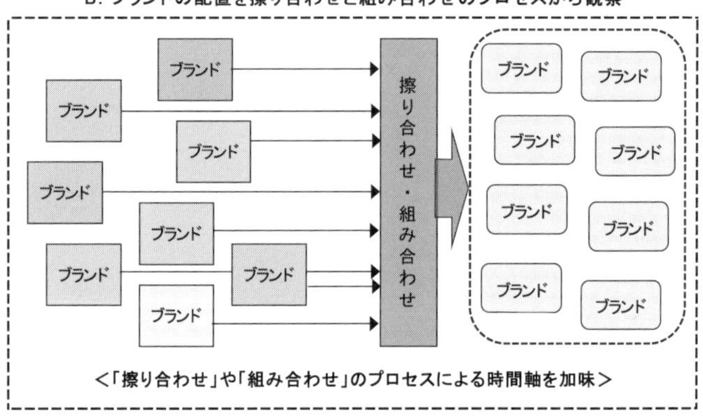

出所：筆者作成による。

図4－4　ブランド全体の観察方法の違い（イメージ図）

また、ブランド・ポートフォリオのポジショニングの観察方法について、Aaker（2004）らの既存研究では、現在までのポジショニングの結果として一時点での各ブランドの配置や特色を評価することになる。これは、各ブランドを個別に評価することになり、ブランド間の関連づけによる考察や分類は難しい。製品アーキテクチャの概念による「擦り合わせ」と「組み合わせ」のプロセスを通した観察を行った場合、ブランド間の統一性や各製品ブランドの持つ役割の視点から考察することが可能となり、ブランド群全体の特性を捉えることができる。

図4－4は、企業の有するブランド全体を観察するイメージ図である。上のAは既存研究におけるブランド展開の観察方法であり、現在の一時点から見たブランド全体の展開イメージである。下のBは、ブランドが創出されるとともに「擦

り合わせ」や「組み合わせ」によって、各ブランドにそれぞれの役割と全社のブランド・システムを動かす活力を与えるプロセスという時間軸が加えられたイメージ図である。全社ベースのインテグレーションやミックス・アンド・マッチによる「全体の顔」という発想は、瞬間的な一時点における状態からでは判断できないが、そこに至るプロセスに着目することで各ブランドに与えられた役割を理解することが可能である。既存研究では、全社におけるブランド群がポジショニングされた結果に着目することが重視され、その状態に至った過程を判断するには十分ではない。全社のブランド群をシステムの構築として理解する場合、各ブランドにはそれぞれが演じる役割とシステムを構成する要素を有することになり、単なるブランドの配列ではないことがわかることになる。ものづくりの最終製品としての理解においても、完成品を見ただけでは製品を構成する各部品の状況は判断できない。最終製品が組み上がるまでのプロセスを見ていくことで、部品や設計の状況を知り得るものとなる。全社のブランドの状態を判断するうえで、各ブランドの創出やブランド・ポートフォリオの構築過程を見ることが重要な要素であるといえよう。

本研究では、製品ブランド間のインターフェース（接合部）について、コーポレートブランドのブランド・アイデンティティやブランドイメージを統一する際に、相互調整が必要とされるブランド間での調整の高低として定義する。そのインターフェースは、企業全体でコーポレートブランドとして統合化する際に、必要とされるブランドのシステム的イメージを達成するため、個別の製品ブランド間における相互調整の標準化の度合いとして縦軸の定義が捉えられる。また、個別の製品ブランドと全体のコーポレートブランドのイメージとの対応関係が複雑なのか単純なのかによって横軸を定義できる。すなわち、コーポレートブランドとの調整作業という干渉の度合いが高く、ブランド間が非独立的で標準化の低いグループを「擦り合わせ型ブランド」と定義する。一方で、コーポレートブランドとの調整が少なく、ブランド間で独立し標準化の高いグループを「組み合わせ型ブランド」と定義するものである（図4-5）。

本研究では、資生堂、カネボウ、アモーレパシフィック、LG生活健康の四社について、そのブランド展開の事例をもとに、企業としてのブランド戦略の歴史、ブランド展開の方向性、ブランドの特性に着目して分析した。調査については、各社ホームページからの資料や各社アニュアルレポート、既存研究の文献による

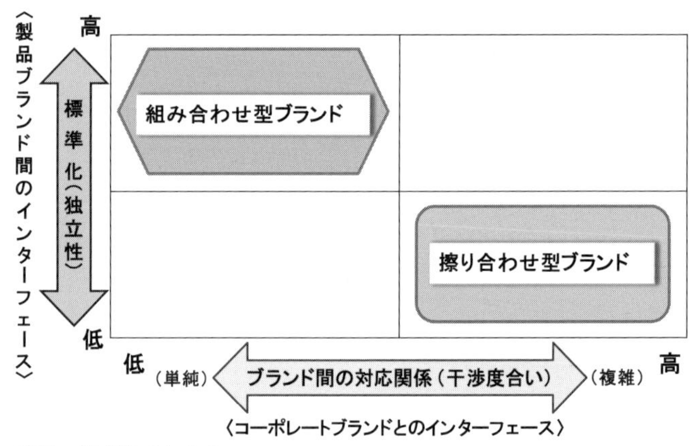

出所：筆者作成による。

図４－５　製品アーキテクチャの概念によるブランドの定義

調査のほか、百貨店などの実店舗での観察調査と一部店舗でのインタビュー調査を行い、追加的な検証を行った。

２．日本の化粧品企業の事例

（１）資生堂のブランド戦略

図４－６は、資生堂の主要ブランドの展開を図示したものである。代表的なプレステージブランドである「クレ・ド・ポー ボーテ」や、中低価格帯では「エリクシール」や「マキアージュ」「インテグレート」「アクアレーベル」などのメガブランドがある。中低価格帯のブランドでは、「資生堂（SHISEIDO）」のブランド名の併記や、プロモーション上においてコーポレートブランドがエンドーサーとなっている。資生堂ブランドは、国内トップメーカーとしての高い知名度はもちろんのこと、海外においてもブランドの認知が高いものである。また、企業名を冠した「SHISEIDO」ブランドはさらに複数のサブブランドを有しており、グローバルに展開する代表的ブランドである。

資生堂では、「in 資生堂」「by 資生堂」「out of 資生堂」としてコーポレートブランドの関与度を区別しながらも、コーポレートブランドを中心とした戦略が基本となっている。資生堂の製品ブランドの展開は、同社が国内で持つ高評価の企

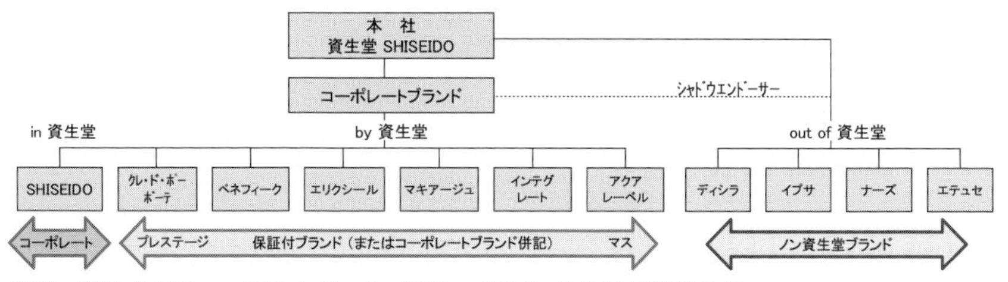

出所：資生堂のアニュアルレポート（2013、2014）を参考に筆者作成。

図4-6　資生堂の主要ブランド展開

業ブランドの価値の上に立脚したものであり、実際に資生堂の各製品ブランドには、資生堂のコーポレートブランドが併記されているか、または有効なエンドーサーとして保証されているものである。

また、資生堂は「イプサ」や「エテュセ」など一部のブランドを別会社で運営し「ノン資生堂」としているが、これらのアウトオブブランド[4]においても、本社の影響下にあって傘下ブランドの調整が行われていると考えられる。これは、資生堂のシャドウ・エンドーサー・ブランドといえ、完全に資生堂のブランドパワーから離れたものではないことが指摘できる。すなわち、資生堂の製品ブランドの多くは、企業を背景としたコーポレートブランドの傘下にあり、「資生堂（SHISEIDO）」というブランドが顧客に認知されることが大きな購入動機になるものである。そのためには何らかの形で資生堂ブランドの関与が必要であり、コーポレートブランドを前面に出すか、エンドーサー・ブランドとして製品ブランドを保証することが求められるものである。

資生堂の各製品ブランドは、コーポレートブランドとの間において調整を必要とし、その間には複雑な干渉が存在する。製品ブランド間においても、コーポレートブランドからの独立性は低くインターフェースは標準化されていないため、コーポレートブランドの下でイメージを統合化するには擦り合わせが必要となる。

（2）カネボウのブランド戦略

カネボウ化粧品は2006年に花王の100％子会社に移行し、以後は花王の傘下で化粧品ブランドの統廃合による効率化や、研究・生産部門の統合を行っている。しかしながら、化粧品事業としての「カネボウ」のブランド力は依然として大きく、花王ブランドとは独立したカネボウ化粧品としてのブランドが継続されてい

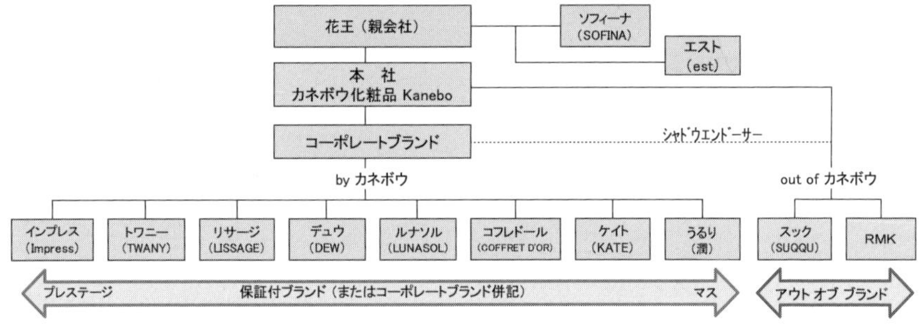

出所：カネボウ化粧品のホームページを参考に筆者作成。

図 4－7　カネボウの主要ブランド展開

る。ここでは、花王からは離れた「カネボウ」ブランドとしての戦略を考察する。

図 4－7 は、カネボウの主要ブランドの展開を図示したものである。カネボウの各ブランドの展開は、資生堂と同様にその多くがコーポレートブランドを軸とするものである。代表的な百貨店向けブランドである「インプレス」、専門店を中心とした「トワニー」、メイクアップ化粧品である「ルナソル」や「コフレドール」といったブランドを展開している。また、グループの別会社でアウトオブブランドとして運営する「スック」や「RMK」のブランドがあるが、資生堂において論じたように、カネボウによるシャドウ・エンドーサー・ブランドといえるものである。同じように別会社で運営されていた「リサージ」ブランドについては、2014 年よりカネボウ本社に吸収統合され、現在はカネボウのコーポレートブランドの傘下で運営されている。

親会社である花王の既存ブランドである「ソフィーナ」や「エスト」についても参考に図示しているが、ブランドの認知としてはカネボウの化粧品ブランド群とは離れた存在である。国内外でのカネボウのブランド認知は依然として高く、百貨店向けプレステージブランドを中心にコーポレートブランドとしてのロイヤルティは資生堂に比肩する。

また、資生堂と同様に、各製品ブランドはコーポレートブランドのイメージに対して干渉の度合いが高く、製品ブランド間の独立性が低いためにブランド間のインターフェースは標準化されているとはいえない。コーポレートブランドの高い評価と認知がカネボウのブランド・システムを支えており、各製品ブランドはコーポレートブランドの干渉下に存在しているものである。

3．韓国の化粧品企業の事例

（1）アモーレパシフィックのブランド戦略

アモーレパシフィックは韓国化粧品業界の最大手であり、主力の化粧品事業のほか、シャンプーやボディソープといった周辺商品においてもブランドが確立されている。2006年には持株会社体制に移行し、傘下ブランドは各事業部門や子会社の下で展開している。

図４-８は、アモーレパシフィックの主要ブランドの展開を図示したものである。アモーレパシフィックの化粧品ブランドは、代表的なプレステージラインとしてコーポレートブランドを冠する「アモーレパシフィック」のほか、韓方化粧品ブランドの「雪花秀（ソルファス）」、植物成分由来の化粧品である「ヘラ」などの百貨店向けブランドを展開している。また、マスマーケット向けブランドの「エチュードハウス」は、若年層を主なターゲットとしてアジア各国に販売網を拡大しているメガブランドである。各ブランドは、「韓方」「自然界の特殊原料」「植物成分由来」などの特殊性によって差別化され、韓国内では高価格帯の製品を中心に各ブランドへのロイヤルティは高く、ブランドの認知度も高い状況にある。アモーレパシフィックのコーポレートブランド戦略としてのブランドは、自社の会社名を冠するブランドの「AMOREPACIFIC（アモーレパシフィック）」のみであり、その他のブランドについては、個別の製品ブランドによる展開である。アモーレパシフィックは、コーポレートブランドである「アモーレ（AMORE）」ブランドを古くから使用している。しかしながら、長年にわたり太平洋化学の社名を使用しており、企業名と化粧品のブランドネームが異なることから、個別ブランド戦略がとられたものと考えられる。さらに、韓国の化粧品では原料の特殊性や効果の強調を差別化の要素としており、これらは差別化の訴求点になると同時に、行き過ぎた特殊性の追求や過度の効果を求めることによって、安全性の面では副作用などのリスクを内包することになる。機能性を高めた化粧品や特殊原料を使用する化粧品においては、そのリスクを常に考慮しなければならない。Calkins（2005）が論じているように、副作用などによるレピュテーションリスクを企業やブランド全体で負わないためにも、個別ブランドによる展開ではリスクを一つのブランドだけにとどめることができる戦略といえよう。このような戦略の背景から、アモーレパシフィックは個別の製品ブランドを展開

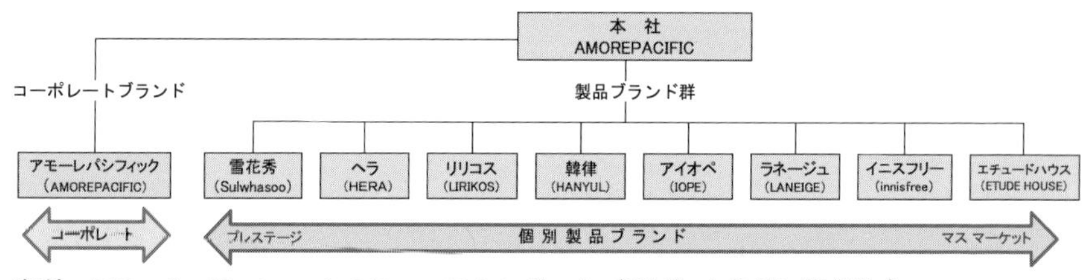

出所：アモーレパシフィックのアニュアルレポート（2013）を参考に筆者作成。

図4－8　アモーレパシフィックの主要ブランド展開

することによって、製品開発における先進的技術や特殊な原材料の採用を可能としており、特殊性を高めた差別化戦略を特徴としたブランド展開となっている。

アモーレパシフィックの各ブランドの特性から、各製品ブランドとコーポレートブランドとの間における干渉の度合いは低く、各ブランドは独立した関係にあるため、全社のブランド・システムとしてはインターフェースが標準化されたものである。

（2）LG 生活健康のブランド戦略

LG 生活健康は、韓国の化粧品業界でアモーレパシフィックに次ぐ二番手に位置し、LG グループの企業として、化粧品のほかにも多角化された事業を有している。韓国内で路面店展開をするブランドショップ形態の中堅ブランド「THE FACE SHOP（ザ・フェイスショップ）」を自社の傘下とし、日本においては「銀座ステファニー化粧品」を買収するなど、M&A による既存の他社ブランドの獲得に積極的である。

図4－9は、LG 生活健康の主要ブランドの展開を図示したものであるが、その傘下ブランドは企業名を冠したものではなく、コーポレートブランドとして統一性のあるブランドは展開されていない。LG 生活健康の各化粧品ブランドは、韓国の大手財閥グループである「LG ブランド」から離れた個別の製品ブランドによる展開である。主要ブランドは、百貨店向けプレステージブランドとして高級感のある容器で統一された「后（Whoo）」や、幅広い年齢層に支持されている「O HUI（オフィ）」、自然発酵化粧品の「スム 37°」などを展開している。また、韓方化粧品ブランドの「秀麗韓（スリョハン）」や、マスマーケット向けの「ザ・フェイスショップ」や「ラクベル」など、個別の製品ブランドで幅広く展

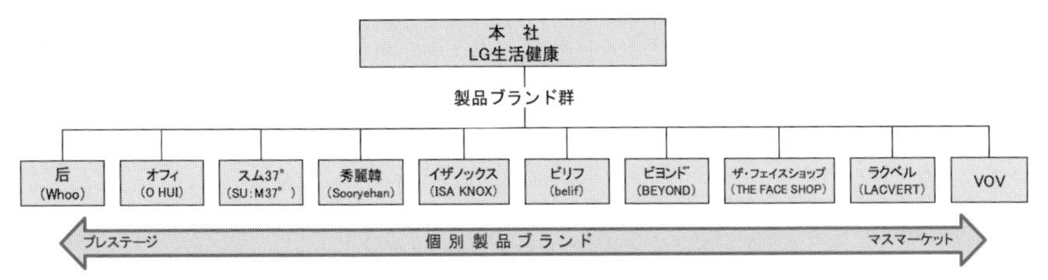

出所：LG生活健康のホームページを参考に筆者作成。

図4-9　LG生活健康の主要ブランド展開

開している。

LG生活健康の化粧品ブランドは個別の製品ブランドを重視しており、商品の外観上ではLG製品であることの識別を重視していない。同社の歯磨剤や洗剤などのブランドでは、LGのブランドロゴと会社名を小さく併記しているが、化粧品についてはLGの社名から離れた個別の製品ブランドによる展開である(5)。また、アモーレパシフィックとは異なり、企業名をコーポレートブランドとした化粧品ブランドは存在せず、すべてが個別の製品ブランドによるものである。また、近年は積極的な企業買収によって新たなブランドを傘下に入れ(6)、独立したブランドを並立させる戦略としている。

LGグループは韓国の大手財閥企業として、産業界全般にLGブランドで工業製品やサービスを提供しているブランド名である。このLGブランドについては、家電製品をはじめとする無機質な工業製品のブランドイメージが連想されるため、LG生活健康はそのブランド拡張において、化粧品のカテゴリーでは個別の製品ブランドを採用したものと考えられる。これは、親ブランドが機能性ブランドである場合や、対象となる製品やサービスが既存ブランドと相容れない連想を有している場合には、ブランド拡張への弾力性は弱いという既存研究からも説明することができる（Aaker、2004）。

LG生活健康の化粧品の各製品ブランドは、既存の「LG」というブランド力には依拠せず、コーポレートブランドによるブランドの展開ではないことから、ブランド間に特別な干渉関係は存在しない。各製品ブランドの独立性は高く、ブランド間における相互の調整も不要である。また、すでに市場で評価を得たブランドの買収による事業の拡大にも積極的なことから、必然的に既存の個別ブランドを自社のポートフォリオにそのまま加えるブランド展開となっている。そのため、個別の製品ブランドによる戦略に特化されており、組み合わせ型ブランドの典型的なスタイルといえる。

4．擦り合わせ型と組み合わせ型ブランド展開の考察

（1）日本の化粧品業界における擦り合わせ型ブランド

図4-10は、資生堂とカネボウが過去に行ったブランドの統廃合や、サブブランドの派生の事例を図示したものである。資生堂では、2005年から2006年のメガブランド戦略によるブランドの統廃合によって、いくつかのブランドを廃止して新たなメガブランドとして創出している。「マキアージュ」や「インテグレート」「エリクシール」「アクアレーベル」などのブランドは、既存のブランドを統合して新たなメガブランドとしたものである。

また、統合されたブランドから用途別にサブブランドがつくられたり、その派生したサブブランドから新たなブランドへ移行したりするなど、コーポレートブランドの傘の下でブランドの創出やブランド間の調整が行われていることがわかる。さらに、カネボウにおいても、2006年に花王の傘下となった後にブランド統廃合の効率化が行われており、2007年に誕生したメイクアップ化粧品ブランドの「コフレドール」は、既存ブランドの統合によるものである。また、別会社運営であった「リサージ」は、2014年からカネボウ化粧品本社のブランドとして吸収統合されており、「カネボウ」ブランドの下での調整が行われていることが明らかである。

これらのことから、資生堂やカネボウという強力なコーポレートブランドの下で製品ブランドが統合され、さらにサブブランドへの拡張や、サブブランドからの新規ブランド創出が可能であったものといえる。その統合や派生ブランドの立ち上げのプロセスでは、コーポレートブランドと各製品ブランド間での調整という、企業全体のブランド・システムを機能させる擦り合わせの作業段階が生じたものといえよう。

資生堂やカネボウにおいては、コーポレートブランドのイメージ連想を重視したうえで、コーポレートブランド本体の評価を損なわないようにブランド間の調整が行われている。このブランド間の調整においては、低価格帯ブランドにおいても最低限の品質保証が求められる。企業としてのブランド名を併記することや

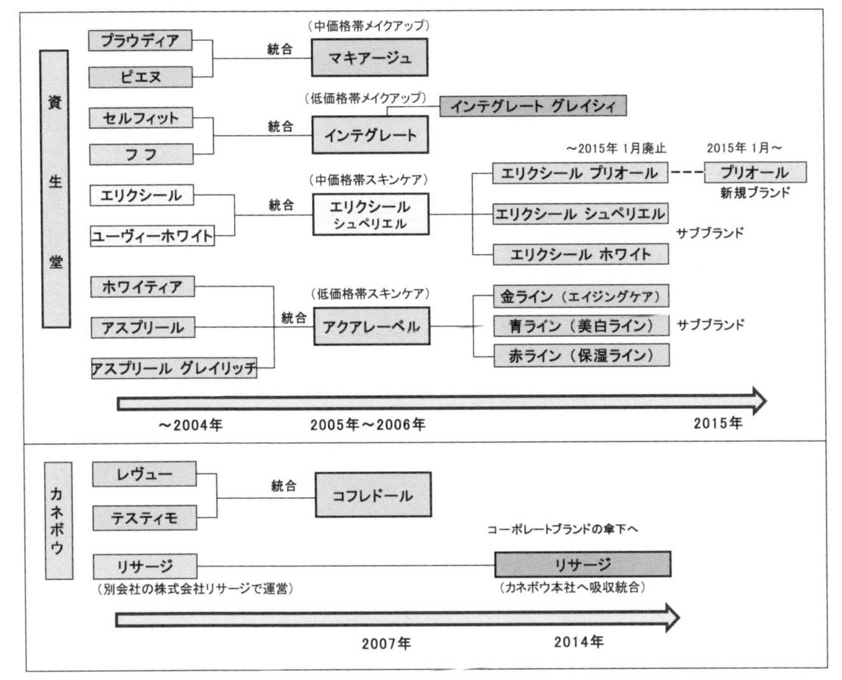

出所：川島（2010）p.63を参考に筆者作成。

図４-10　資生堂とカネボウにおけるブランド統合等の事例

プロモーション上で利用する戦略では、その傘下ブランドにおいて、安心感や信頼性といった企業のブランドイメージから逸脱できない一定のルールが存在するものと考えられる。このブランド間の調整やルールづけのプロセスでは、個別のブランド創出に「擦り合わせ」の作業を要するものである。

資生堂やカネボウにおけるコーポレートブランドを軸とした展開では、自社が保有する多くのブランド間で「１対１」の関係ではない「多対多」の調整が必要であり、単純に新規ブランドを立ち上げて組み合わせるだけでは終わらない。コーポレートブランドから完全に離れた関係であれば、各セグメントに部品をはめ込むように組み合わせればブランド・ポートフォリオは完成する。しかしながら、コーポレートブランドという組織体を象徴する大きな機械装置の完成度を高めるためには、その傘の下にある部品としてのブランドが相互に機能し合わなければならない。すなわち、コーポレートブランドは全社におけるブランド・システム

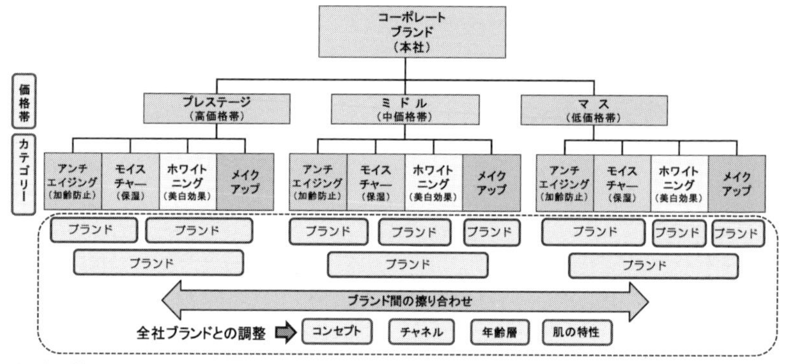

出所：筆者作成による。

図 4 -11　擦り合わせ型の化粧品ブランド創出のプロセス

として機能するものであり、まさに製品アーキテクチャの概念でいう「擦り合わせ型」のブランド戦略であるといえ、これは他部門との組織間連携を重視した日本企業の得意とする分野でもある。

図 4 -11 は、化粧品を例としたブランド創出のプロセスを図示したものである。価格帯による対象マーケットを決め、さらに、機能や用途別のカテゴリーでブランドのポジショニングを決定していく際に、他の自社ブランドとの調整や差別化が必要となる。擦り合わせ型のブランド創出では、コーポレートブランドを軸としてターゲットを決定していく過程のなかで、何段階かのブランド間での調整が生じることになる。これらの調整過程において、各セグメントにおけるブランド重複の回避や新たなイメージの差別化が行われる際に、全社ベースでの連携や調整が必要とされるものである。

化粧品ブランドの創出過程においては、価格帯や機能のほか、ブランドの目指すコンセプト、流通チャネル、年齢層や顧客の肌特性といった何段階かのプロセスを経て、ブランド間の調整やイメージ形成、プロモーション方法の検討が行われるものである。コーポレートブランドとのイメージの調整や、各製品ブランドとの重複回避、価格バランスなどの擦り合わせが行われることで、コーポレートブランドを軸としたブランド戦略が可能となる。この擦り合わせ過程において重複や他ブランドへの影響が懸念される場合には、既存ブランドを拡張したサブブランドでの展開も検討されることとなり、コーポレートブランド重視の戦略では「擦り合わせ」が重要なプロセスとなる。

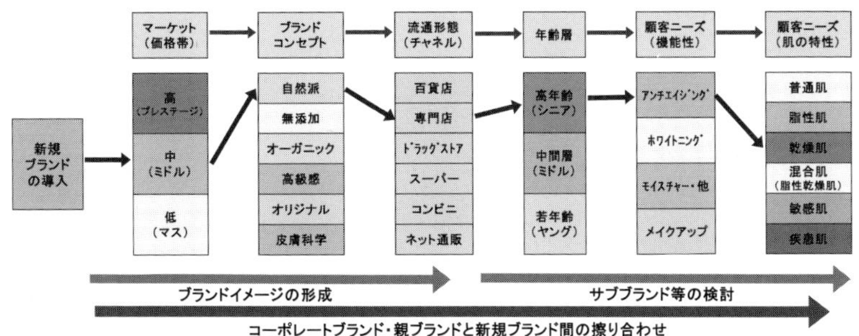

出所：筆者作成による。

図4-12　新規化粧品ブランド導入時の擦り合わせ過程（イメージ図）

図4-12は、化粧品ブランドの創出過程を複数のプロセスでイメージした図である。この図にあるように、価格帯のほかブランドのコンセプト、流通チャネル、年齢層や顧客ニーズといった何段階かの調整過程を経て、全社ベースのブランド間の微調整やイメージ形成、プロモーション方法の検討が行われると推察される。同じ価格帯での重複や、対象年齢、チャネルが重なるブランドにおいては、コンセプトや機能性、肌特性において差別化するなど、ブランド間の重複を避けなければならない。他ブランドとの明確な差別化が得られない場合には、同じカテゴリーやセグメントでの重複を避けるために、製品ブランドへのサブブランドの追加として派生させる方法も考えられる。そして、コーポレートブランドのイメージとの擦り合わせ、そして各製品ブランドとの重複やバランスの擦り合わせが行われることで、コーポレートブランドを傘にしたブランド戦略が可能になるものである。その擦り合わせの過程において、重複や他ブランドへの影響が想定される場合には、既存ブランドを拡張したサブブランドでの展開も検討されることが予想できることから、コーポレートブランド重視の戦略では重要なプロセスといえる。

（2）韓国の化粧品業界における組み合わせ型ブランド

アモーレパシフィックは、主に自社内で独立した製品ブランドを立ち上げ、自社のポートフォリオ上に配置している。LG生活健康では、自社内での個別の製品ブランドによる展開のほか、企業買収等によって得たブランドをアウトオブブランドとして傘下に加えている。アウトオブブランドとしては、自社内での新規ブランドの立ち上げによる方法と、企業や事業部門の買収による既存ブランドの獲得という方法があり、欧米の化粧品会社においても、エスティローダーは前者の傾向、ロレアルは後者の方法によって傘下ブランドを拡大してきた歴史がある（水尾、1998）。

アモーレパシフィックやLG生活健康における個別の製品ブランドによる展開は、企業背景を基盤としたコーポレートブランドから離れた戦略であり、各セグメントへ必要に応じて新規ブランドを配置させるものである。コーポレートブランドは各ブランドから独立した存在であり、他のブランドと相互干渉することがないことから、ブランドを創出する際にブランド間の調整は不要である。他社ブランドを買収した場合でも、コーポレートブランドのイメージや、他の自社ブランドへの影響を最小限にとどめることができる。また、ブランドの一つに重大な問題が生じた場合や、ブランドの低迷を理由とした撤退も容易と考えられる。つまり、ブランド間での擦り合わせ作業が不要であり、さらに各ブランドが独立したプロモーションと流通機能を得ることが可能なことから、ポートフォリオ上でのポジショニングが容易なものである。すなわち、アモーレパシフィックやLG生活健康における個別の製品ブランド戦略は、「組み合わせ型」のブランド戦略であるといえる。

また、アモーレパシフィックでは持ち株会社下での分社化も進んでおり、委託先OEM企業を買収するなど、生産面での効率化やOEM委託にも積極的といえ、個別ブランド戦略に合わせた効率的運営を実現しようとしていると考えられる。アモーレパシフィックは、「エチュードハウス」「イニスフリー」「エスプア」などの主力ブランドを分社化している。特に「エチュードハウス」や「イニスフリー」は、アジア各国で展開するマスマーケット向けのメガブランドであり、生産はOEM製造委託を主体として低コスト化を図っている。2011年には、二社のOEM委託先であったコスビジョン社をアモーレパシフィックの100％子会社とした。

韓国においては、韓国コルマーやコスマックスなどの大手化粧品OEM企業をはじめ、約200社のOEM・ODM企業があるとされており、アモーレパシフィックにおいてもOEM企業への製造委託には積極的である。これらのOEM企業は、アモーレパシフィックの中国市場への進出に伴い中国にも生産拠点を設けており、OEM協力企業との協調関係は強い。さらに、アモーレパシフィックでは、自社工場にOEM・ODM業者を集めてアイデアの募集を実施するなど、協力会社との共生を図りつつ、コーポレートブランドのイメージに拘束されない新たな製品開発に積極的である。これは、各OEM協力企業からの製品開発案を採用して自社製品ブランドに取り込むことや、新たな製品コンセプトのサブブランドとして組み入れていくということから、水平分業での効率性を狙った動きである。アモーレパシフィックの急速な生産拡大においても、OEM製造がその一翼を担ったものといえる。ブランドを分社化することや個別のブランド展開によって外注を容易にし、特殊原料における「高麗人参」や「緑茶成分」「ハーブ原料」といった各パーツを組み合わせたブランド組成が可能となる。また、OEM企業からの製品開発のアイデアとともに、新たなブランドとして新技術を組み込むことが可能となり、個別ブランドのみに製品リスクと市場変化のリスクを負わせることなどのメリットが享受できる。この生産面でのアモーレパシフィックの動きにおいても、「組み合わせ型」のブランド構成として説明できる。

日本国内においてもOEM・ODM企業は多数あり、自社生産設備を有さない化粧品会社や他業種からの参入企業を中心にしてOEM・ODM製造は活発といえる。しかしながら、資生堂においては、一部の化粧用具を除いてはOEM委託を表面化させず、自社による研究開発と製造を強調したプロモーションを行っている。2003年には、生産子会社の大阪資生堂と資生堂化工を資生堂本体に吸収合併しており、製造元表示を一元化して資生堂による内製化のイメージを強化している。資生堂のコーポレートブランドのイメージ戦略による「擦り合わせ」を重視したものであり、OEM委託によるコストダウンや新規性（特殊性）のある製品開発には消極的といえる。また、長年の制度品販売の歴史における自社チェーン店制度の組織化や「花椿会」等の顧客の組織化など、流通面においても自社内での統合が行われてきた経緯がある。

これらのことから、資生堂は日本的なコーポレートブランド重視の戦略に傾注し、その生産スタイルは擦り合わせ型の垂直統合で行われており、販売面から見た場合にも垂直統合型の「擦り合わせ型」の戦略であるといえる。一方で韓国を代表するアモーレパシフィックの生産スタイルは、モジュラー型産業で見られるような水平分業が進んでいると考えられ、その結果として分社化やOEM生産が行われているものといえる。モジュラー型製品がモジュール単位での外注がしや

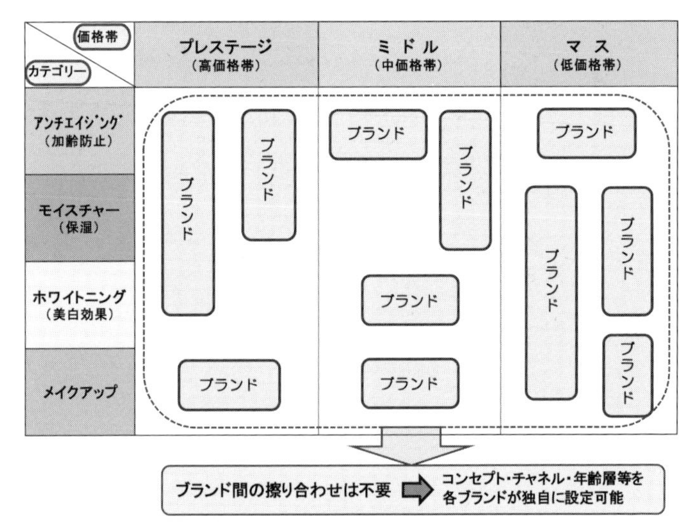

出所：筆者作成による。

図 4-13　組み合わせ型の化粧品ブランドの展開例

すく、それを基本として製品設計が行われるように、アモーレパシフィックのブランド構成においても「組み合わせ型」の戦略であるといえる。

図 4-13 は、化粧品を例として組み合わせ型のブランド展開を図示したものである。図で示すように、コーポレートブランドを含めて、各ブランドは一つのモジュール部品に過ぎず、各ブランドは独自に機能することができる。自社のポートフォリオ上に各ブランドが配置されるが、ブランド間の干渉やコーポレートブランドへの影響は少ないため、新規ブランドの配置や既存ブランドの廃止は容易である。同一セグメント上に複数のブランドが配置されても、カニバリゼーションの懸念は生じるが、コーポレートブランドを傷つけることや、自社ブランド全体でレピュテーションリスクを負う懸念は少ない。各セグメントにおけるブランドの入れ替えも容易であるとすれば、製品アーキテクチャの概念である「組み合わせ型」としての説明が可能である。組み合わせ型のブランド展開では、機械に部品をはめ込んだり外したり、共通の代替部品で代用するように、ブランドの各セグメントへの配置や廃止、入れ替えが容易である。製品アーキテクチャの概念によれば、モジュール型の部品が機械装置を機能させるように、擦り合わせを要さずにブランド・システム全体が機能するものといえる。

5．擦り合わせ型と組み合わせ型ブランドの結論として

図4-14は、製品アーキテクチャの概念図により「擦り合わせ型」と「組み合わせ型」のブランドの位置づけを示している。その定義については既に論じているが、縦軸はブランド間のインターフェースの標準化の高低を示し、横軸では親ブランドとしてのコーポレートブランドと各製品ブランド間の干渉度を示している。コーポレートブランドとの間で複雑な関係にあって干渉度が高く、そしてブランド間の標準化の傾向が低いものが「擦り合わせ型ブランド」であり、資生堂とカネボウの戦略はこの類型に属する。一方で、コーポレートブランドからの干渉度が低く、ブランド間のインターフェースが標準化されているものが「組み合わせ型ブランド」であり、アモーレパシフィックとLG生活健康はこの類型である。擦り合わせ型と組み合わせ型では、それぞれの製品ブランド間での独立性は異なり、コーポレートブランドとの干渉度も異なるため、図4-14で示す四領域のマトリックス図で対比させることができる。

図4-14で示した類型と事例の考察から、日本の資生堂やカネボウは、コーポレートブランドを軸として、各ブランドがコーポレートブランドとの調整を繰り返しながら、「全社のブランド・システム」を常に完成度の高いものへとしていく「擦り合わせ型」のブランド展開である。一方で、韓国のアモーレパシフィックやLG生活健康は、個別の製品ブランドが独立して機能しており、企業名やコーポレートブランドのイメージ連想に拘束されずにブランドの追加が可能な「組み合わせ型」のブランド展開という説明ができる。

擦り合わせ型ブランドでは、コーポレートブランドを軸にブランド全体がシステムとして機能し、調整された各ブランドは統合や分割といった再構築に対応できる可能性が高い。組み合わせ型ブランドにおいては、各ブランドとコーポレートブランドの関係は希薄であり、各ブランドの関係は並列に近い。そのため、各ブランドを分社化して効率化することや、生産コストを抑える目的でのOEM委託、マーケティングを見据えたブランド別の代理店や卸ルートの選定も可能と考えられる。すなわち、擦り合わせ型と組み合わせ型の両者ともにそれぞれの特性があり、全社のブランド・システムが機能することで、最終的に企業全体の業績への反映という成果が得られるものである。この全社のブランド・システムが機能するためには、全社のブランド・ポートフォリオの最適化が行われ完成度の高

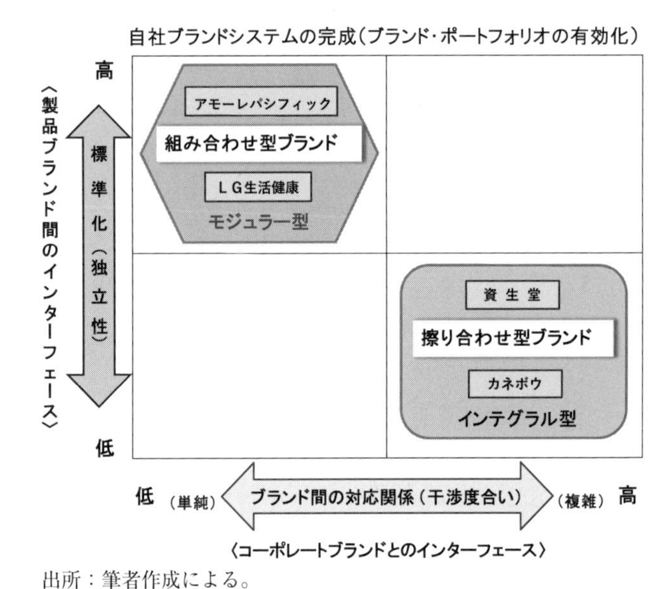

出所：筆者作成による。

図４-14　擦り合わせ型と組み合わせ型ブランドの位置づけ

いものとなる必要がある。すなわち、全社のブランド・システムの完成は、ブランド・ポートフォリオの最適化であり、それが最終製品の提供となる完成形といえよう。

これらのことから、資生堂やカネボウはコーポレートブランド重視の戦略であるが、それは日本企業の得意とする「擦り合わせ型」のブランド戦略であるといえる。一方の韓国のアモーレパシフィックやLG生活健康では、個別の製品ブランド戦略を重視しており、各ブランドの構成から「組み合わせ型」のブランド戦略であるといえる。本章での日韓の化粧品ブランドを事例とした考察により、ブランド戦略の新たな概念として、「擦り合わせ型」と「組み合わせ型」のブランド戦略として説明をすることが可能である。

6．小括

本章では、日本と韓国の代表的な化粧品メーカーを事例として、そのブランド創出のプロセスに着目して考察してきたが、これらの企業のみで化粧品業界全体を説明できるものではない。しかしながら、本研究で考察した化粧品業界のブランド戦略は、様々な国や業界のブランド戦略の一例とはいえ、製品アーキテクチャ論の「擦り合わせ型」と「組み合わせ型」という概念をブランド戦略で検討した新たな取り組みといえる。

既存研究で議論されてきたコーポレートブランドによるマスターブランド戦略や、個別の製品ブランドによる戦略の概念では、ブランド戦略の結果としての評価と利点を示すことが中心であった。製品アーキテクチャの概念をとり入れた本研究においては、ブランドの創出過程に着目している。各ブランドが複合的に機能し合う全社のブランド・システムという新たな観点から考察することで、ブランド戦略をさらに明確に分類することができるものである。製品アーキテクチャの概念による分類と定義づけは、Aaker（2004、他）らによる既存研究で論じられてきたブランド展開の結果としての評価ではなく、創出に至るプロセスを見たうえで評価し分類するものである。すなわち、既存研究においては、ある静的な一時点でポートフォリオの状態を評価するのに対し、本研究による分類ではブランド創出過程の時間軸を加えた動的なプロセスとして考察したものである。コーポレートブランドのポートフォリオ上の位置づけや、他の製品ブランドとの役割やブランド間の干渉度合いを見ることで、同じカテゴリーやセグメント上に多数のブランドが存在する場合には、ブランドの異なる特性が発見されることによって新たな評価が可能になるといえよう。

日本と韓国における化粧品業界のブランド戦略を、製品アーキテクチャ論を切り口として、「擦り合わせ型」と「組み合わせ型」という枠組みによって考察することは、新たなブランド戦略の着眼点となるものである。他業種においても、ブランドの創出や展開のプロセスを考察することにより、擦り合わせの調整が必要なものか、組み合わせのみで単独に機能させるものか、という新たな視点からブランド戦略を検討することができる。また、自社のブランド展開において、既存ブランドのサブブランドとして拡張するのか、新規ブランドを立ち上げるのかという判断の際に、ブランド間の擦り合わせの要否は重要な判断材料となるものである。本研究における「擦り合わせ型」と「組み合わせ型」のブランド展開の概念は、ブランドを考察する新たな枠組みとして、今後のブランド戦略の研究に貢献するものと考える。

〈注〉

（1） 2006年より花王の100％子会社となっているが、本研究では「カネボウ化粧品」としてのブランドを研究の対象としている。

（2） 藤本（2001）pp. 4-5。

（3） 藤本（2007）pp. 23-34。

（4） 母体の企業名や特色などを表に出さずに展開するブランドのことである。

（5） 容器表面の目立つ箇所への社名や会社ロゴの表示はないが、法に基づいて裏面の製造元や販売会社としての表示はなされている。

（6）「ザ・フェイスショップ」や「銀座ステファニー化粧品」のほか、カナダの「Fruits & Passion」、関連事業として、日本のエバーライフ（「皇潤」などの健康食品を販売）や韓国コカコーラなどを買収している。

第5章
中国市場におけるブランド戦略の比較

本章では、中国市場におけるブランド戦略に焦点を当て、海外進出をブランドから捉えた研究として、コーポレートブランドと個別の製品ブランドによる戦略の違いと、グローバル・ブランドとローカル・ブランドにおける適合性について考察する。

1．グローバル・ブランドとローカル・ブランド

（1）考察の視点

近年、中国の化粧品市場は急速に拡大しており、2013年時点では世界第2位の市場規模となっている。これは、中国全体に「化粧をする文化」が根付いてきたことも大きく影響しており、所得の向上[(1)]とともに都市部や若年層を中心として化粧の文化が拡大し、化粧人口が急速に増加したものである。また、韓国の化粧品業界における近年の躍進は顕著であり、化粧品の輸出額は2013年で約12億9千万ドルと、2008年の約3億7千万ドルから3倍以上に増加しており、韓国の化粧品ブランドはアジア地域を中心に海外市場での評価を高めている。そして、資生堂の中国戦略にも注目でき、戦略的なブランド開発やマーケティングによって中国市場で優位な地位を築いてきており、資生堂の重要なマーケットとして位置づけられている。

本章では、化粧品業界のブランド戦略を研究の対象として、日本の資生堂と韓国のアモーレパシフィックの中国市場におけるブランド展開を事例として考察している。両社は日本と韓国を代表する化粧品メーカーであり、両社ともに化粧品から創業した長い業歴と多数のブランドを有し、近年は中国市場において競合する関係にある。

日本と韓国の化粧品各社は、中国の化粧品市場を重要なマーケットとして位置づけており、日本の化粧品業界では、1980年代から90年代に資生堂をはじめとする各社が相次いで中国に進出している。韓国の化粧品業界では1990年代にア

モーレパシフィックが進出し、2000年以降は各社が競って中国市場での販売を拡大している。特に2010年以降、日韓の化粧品ブランドは中国市場をはじめとするアジア各国での競合を強め、韓国化粧品業界の急成長に伴って日本の化粧品業界の脅威となりつつある。

本研究の目的は、Aaker et al.（2000）やKeller（2007）らによって論じられてきたブランドのグローバル戦略について、資生堂とアモーレパシフィックの中国市場でのブランド戦略を事例として、コーポレートブランドと個別の製品ブランドによる戦略の違いと、グローバル・ブランドとローカル・ブランドにおける適合性について考察することである。

これらの戦略の優位性については、既存研究においてAaker（2004）やKapferer（2002）、Calkins（2005）らによって議論されており、両社の中国市場での戦略の違いを、コーポレートブランド戦略と個別ブランド戦略の視点から考察する。また、海外市場における戦略においては、世界的に市場導入され、多くの国や地域で認知、評価されるグローバル・ブランド（global brand）、ある1か国のみで市場導入されるローカル・ブランド（local brand）、ある地理的地域において市場導入されるリージョナル・ブランド（regional brand）に類型化できる（井上、2013）。これらのグローバル展開のブランドの定義によって、資生堂とアモーレパシフィックの戦略を分類し、現在までの中国市場でのマーケティングとブランド戦略を考察することで、その効果的なブランド戦略について検証していく。

資生堂の中国におけるブランド戦略は、ローカル・ブランドの開発による徹底した現地化戦略と、日本の販売スタイルを中国に移植したコーポレートブランド重視の戦略によって、2000年代にシェアを拡大している。一方のアモーレパシフィックでは、韓国内と同じ個別の製品ブランドを中国市場で展開し、各製品ブランドをグローバル・ブランドとして汎用的に展開させており、資生堂と比較すると現地化には消極的といえる。これらのことから、日韓の二社におけるブランド戦略には基本的な違いがあり、海外進出におけるブランド戦略の違いを明確にすることで、グローバル・ブランドとローカル・ブランドの優位性とその適合性を確認するものである。

（2）既存研究からの位置づけ

グローバル・ブランドについては、Aaker et al.（2000）によって、ブランド・アイデンティティ、ポジション、広告戦略、パーソナリティ、製品、パッケージ、外観、使用感などに関して、世界的に統一されたブランドであると定義されている。また、グローバル・ブランドにとって重要なことは、すべての市場で機能するポジションを見つけることであると論じている。これは、あらゆる製品ブランドに共通するが、特に化粧品ブランドはそのイメージに左右されやすく、世界共通のブランド・アイデンティティと一定した評価が必要である。Keller（2007）は、グローバル・ブランド戦略の課題は、多様な市場に合致するようにブランドイメージを洗練させることであるとし、ブランドの持つ歴史や伝統は、本国市場では豊かで強力な競争優位性になるが、新規市場では存在しない場合があると指摘している。Keller（2007）の論じる新規市場での競争優位の欠如の可能性においては、性能の評価が数値で推定できる電気製品や機械製品と異なり、化粧品ブランドではブランドイメージを新規市場で認知させることが最も重要であるといえる。グローバル・ブランドとしての高い評価を、世界共通で得ることが最も困難な課題である。また、松浦（2014）は、グローバル・ブランドにおけるロゴ・シンボルを含めたブランド・アイデンティティの統一化の重要性を論じており、ブランド・アイデンティティを世界中で共有することでブランドイメージの一貫性が維持できるとする[(2)]。これらの既存研究においては、グローバル・ブランド戦略の重要点として、ブランドイメージやポジショニングを中心に議論されており、ブランド・アイデンティティのグローバルな共通化が戦略の重要な要素とされている。

また、井上（2013）は、グローバルな製品ブランド管理の現状から、製品ブランド類型によって世界標準化と現地適合化のバランスが異なる可能性を指摘している。ローカル・ブランドやリージョナル・ブランドを配置する一方で、標準化寄りにグローバル・ブランドを配置することによって、主要な多国籍企業は全社的に標準化と適合化のバランスを図っていることを示唆している[(3)]。この動きは資生堂や欧米ブランドにも見られ、ローカル・ブランドの構築や現地ブランドの買収とあわせて、既存のグローバル・ブランドについても同時に海外市場へ拡張させている。既存のグローバル・ブランドの評価を失墜させないように、現地のマス市場とプレステージ市場に同時並行でグローバル・ブランドとローカル・ブランドを展開し、現地独自のブランド・ポートフォリオを構築している。これらの新たなグローバル市場でのブランド戦略の考え方は、今後も広がりを見せる新興国市場でのモデルケースとして有効になるであろう。

2．中国の化粧品市場の概況

（1）日本の化粧品ブランドの進出状況

資生堂の中国での販売開始は1981年であり、1991年に合弁企業を設立して現地生産を開始しており、欧米系の化粧品メーカーより早い段階から中国市場へ進出している。その他の日系企業の進出は、コーセーが1987年、カネボウが1992年、花王が1993年である。

コーセーは1987年に中国浙江省杭州市に合弁会社を設立し、シャンプー、リンスの製造を始め、1990年にはスキンケア化粧品の「養顔露（化粧水）」「維他命E-C乳液」「維他命E-C面霜（クリーム）」を発売している。2000年には、中国市場向けの専用ブランドである「アブニール」を発売し、中高所得層向けに百貨店チャネルで販売を開始した。その後には、マスマーケット向けブランド「モイスティア」を発売して販売を拡大した(4)。当初の現地でのプロモーションでは、日本人女優をモデルに起用するなど、日本製品の信頼性を前面に出してブランドの浸透を図っている。

カネボウは、当初1987年より中国企業との技術協力を行い、中国市場での足掛かりとした。その後1992年に中国市場専用ブランドの「嘉娜宝」の現地委託生産を始め、1995年には合弁で「上海嘉娜宝化粧品有限公司」を設立している。また、日本からの輸入化粧品として「Kanebo（カネボウ）」ブランドを販売し、合弁会社の出資比率を高めて本格的な進出が開始された。2000年には上海工場が竣工し、中国で現地生産ブランド「AQUA（アクア）」が販売開始され、花王グループ傘下となる前年の2005年には「佳麗宝化粧品（中国）有限公司」を設立している(5)。カネボウの日本でのブランド力を活かし、百貨店チャネルなどで販売を拡大していった。

花王は、1993年に合弁会社「上海花王有限公司」の設立によって中国市場に進出しており、他の日系化粧品企業と比較して中国進出は遅い方である。現地では洗顔料、シャンプー、洗剤などの製造と販売を行っている。1995年に「上海花王化学有限公司」、1998年には「中山花王化学有限公司」を設立して、工業用化学製品分野での中国進出をしており、トイレタリー製品を中心としてこの時期に中国市場での販売を拡大していった。花王は2006年からカネボウを自社の傘下としており、現在はグループとして「カネボウ」ブランドの化粧品販売に注力し、花王自体はトイレタリー製品のブランドとしての認知が高い。

（2）欧米の化粧品ブランドの進出状況

欧米の化粧品企業では、P&Gが1988年、エイボンが1990年、エスティローダーが1993年、ロレアルが1996年、ユニリーバが1996年に中国に進出している。

P&Gは、1988年に広州に合弁会社「広州宝潔有限公司」を設立し、シャンプーなどのトイレタリー製品を中心に製造を始めたが、1989年にスキンケア化粧品ブランドの「玉蘭油（Oil of Olay）」の生産・販売を開始した。当時の「玉蘭油」は現地のローカル製品と比較して高価格帯であったが、そのプロモーションの成功によって高評価を受けており、1991年にはP&Gの中国事業は黒字化を実現し、毎年高い増加率で売上を伸ばしていった。1998年には傘下のマックスファクターのブランドである「SK-Ⅱ」を中国市場に導入し、百貨店のプレステージブランドとして定着していった(6)。現在、P&Gは中国市場で高いシェアを有しており、「Olay（オレイ）」ブランドは、中国のスキンケア化粧品市場でのトップブランドとして位置づけされている。

ロレアルの中国市場への進出は遅く、1996年に蘇州で「蘇州ロレアル化粧品有限公司」を設立している。ロレアルは、アメリカのマスマーケット向け化粧品ブランドである「メイベリン」を買収し、「メイベリン」と「ロレアル・パリ」を中国市場の戦略ブランドとした。ロレアルの中国進出は遅かったが、市場規模の急成長に合わせて積極的な事業展開を行った結果、中国市場で大きなシェアを確保した(7)。「メイベリン」と「ロレアル・パリ」の両ブランドは、中国のメイクアップ化粧品市場で首位と第2位に位置づけられており、2010年には二つのブランドで市場の3割近いシェアを有している。そして、2003年にはマスマーケット向けの有力現地ブランド「小護士」を買収し、さらに2004年には、中国現地のミドル層向け主要ブランドの「羽西」を買収した。また、プレステージブランドである「ランコム」や「ヘレナ・ルビンスタイン」などのブランドも導入され、マスマーケットからプレステージまでの幅広いブランド構成となったことで、ロレアルは中国市場で大きな成果を出している。

アメリカのエイボン社は、1990年に中国の広州に合弁会社を設立した。エイボン社はアメリカで訪問販売の化粧品会社として成長した経緯があり、中国市場においても同様に家庭への訪問販売によって市場を開拓していった。しかしながら、1998年に中国政府は訪問販売を禁止したため、専門店や百貨店での店頭販売に変更した。その後の中国市場での展開においては、エイボンはマスマーケット向けの中低価格帯化粧品の充実化によって優位性を高めており、インターネット販売などのチャネルによって評価を高めている[8]。

（3）中国現地化粧品ブランドの状況

中国では1966年から1976年の約10年間は文化大革命の時代にあり、中国女性が化粧などを許されない環境の下で化粧品業界は厳しい時代が続いていた。1978年以降は改革・開放への転換によって国内の化粧品生産は回復し、中国の化粧品生産額は1980年の2億元から1988年には17億元にまで増加した。この時期の輸入化粧品については一部の層を対象にした高級品であり、国内需要の大半は国産品で満たされていた。1980年代の現地の中国化粧品ブランドでは、上海日用品化学二廠の真珠粉配合の基礎化粧品ブランド「鳳凰牌真珠膏」や、広州化粧品廠の化粧品ブランド「夢思」、上海家庭日用化学品廠の「露美」シリーズなどが有名であった。当時の化粧品販売については農村部では十分な売場が確保されておらず、北京や上海などの沿岸部の大都市圏にある百貨店から広がりを見せた。2000年代入ってからは、資生堂現地法人による地方都市へのチェーンストアの展開や、販売チャネルの多様化によって全国に化粧品の流通網が広がっており、中国の化粧人口は急速に拡大していくことになる[9]。

中国の化粧品業界は、1970年代には上海を中心とした現地ブランドが市場を占めていたが[10]、1980年代半ばからは外資系化粧品メーカーの進出によって市場は変化していった。中国現地の化粧品メーカーは中小の化粧品会社が主体であり、シェアは年々低下している。中国国内では2002年頃には大小5000社の化粧品関連企業があったとされるが、売上高が1億元以上の企業は50社程度とされる。現在の中国現地企業は、所得の低い内陸部の消費者を対象にした低価格品や、中国の伝統的な漢方製法、植物由来の成分を配合した商品で差別化を図っている。

中高価格帯の化粧品は外資系ブランドや合弁ブランドが高いシェアを有しており、中国地場の化粧品ブランドは苦戦を強いられている[11]。

中国における地場化粧品ブランドとして健闘しているブランドでは、「自然堂」「隆力奇」「佰草集」などがあり、このうち2010年現在では「隆力奇」が最も高いシェア[12]となっている。中国現地の有力ブランドであった「羽西」「小護士」もロレアルの傘下となっており、中国市場の6割を外資系メーカーのブランドが占める状況であることから、今後の先進技術や研究開発能力が中国現地ブランドの成長を左右していくと考えられる。

3．中国の化粧品市場における事例

（1）資生堂の中国市場戦略

資生堂は、1981年から商社経由で日本国内の製品を中国へ輸出販売しており、「北京飯店」などのホテルや国営百貨店を通して現地販売を開始している。

本格的な中国進出となるのは、1994年に中国専用ブランドとして開発された「AUPRES（オプレ）」の販売開始である。「オプレ」の市場投入にあたっては、現地法人の生産と販売に対する資生堂本社の品質保証として、ブランド名に「SHISEIDO」のロゴを併記することで、中国の顧客に日本の資生堂による保証付きブランドとして認知させる方法がとられている。当時の中国化粧品市場は、海外からの輸入化粧品と国内企業の化粧品に二極分化されており、資生堂の「オプレ」はその中間価格帯を狙ったものであった。当時は中国の国産化粧品と海外ブランドとの間で品質・価格面の格差が大きく、海外プレステージブランドの化粧品よりも低い価格帯にポジショニングされたため、販売は順調に推移し、「オプレ」は資生堂の現地主力ブランドへ成長していった。2003年時点で、中国国内78都市の百貨店290店に販売網を拡大しており、2004年にはアテネオリンピックの中国選手団の公式化粧品に認定されている。

発売当初の「オプレ」ブランドはスキンケアを重視していたが、次第に製品の品目を増やし、現在ではメイクアップ化粧品や香水類までの総合化粧品ブランドに育成されている。また、2001年には「オプレ」の男性化粧品分野である「JS」ブランドを発売し、2006年には化粧品専門店専用ブランドの「URARA（ウララ）」、2010年には薬局チャネル向けブランドとして「DQ（ディーキュー）」を発売している。

中国の販売店では、日本と同様に店舗の作り方や、接客応対、商品陳列、顧客管理手法といった教育を実施し、厳しい基準を設けている。また、専門店や百貨店には、日本から優秀な美容部員（ビューティ・コンサルタント）を長期派遣し、接客応対についても直接指導を行い、日本型の販売システムをそのまま中国に移植している。また、中国での現地化を進めるうえで、そのプロモーションにおいても当初の日本人女優のモデル起用から、2004年頃より中国人女優の起用に変更するなど、さらに現地化による訴求を高めている（山本、2010；張、2010）。

これらのことから、資生堂の中国市場での販売戦略は、中国市場の調査による専用商品の開発、市場特性に合わせたマーケティング、中国での現地生産という形態をとり、販売体制は日本式のシステムを持ち込んで現地適合化させたものといえる。

（2）アモーレパシフィックの中国市場戦略

アモーレパシフィックの中国への本格的な進出は、1993年の瀋陽での合弁による現地生産法人設立であり、2000年には上海に独資の現地法人を設立している。

アモーレパシフィックは、韓国内でのメガブランドである「ラネージュ」を中国での主力ブランドと位置づけ、2011年までに中国で2200の専門店と820の百貨店に販売網を拡大している。そのほかには、中価格帯の「マモンド」や高価格帯の韓方化粧品である「雪花秀」ブランドを中国市場に投入しており、2012年には低価格帯ブランドの「イニスフリー」を市場展開し、中国市場において高価格帯から低価格帯までのブランド・ポートフォリオが構築された。

アモーレパシフィックでは中国向けのローカル・ブランドによらず、韓国内と同一のブランドを中国市場に拡張している。韓国内で実績のあるブランドを、そのままグローバル・ブランドとして対応した世界標準化寄りのブランド戦略である。その広告戦略においても、資生堂が中国人女優のモデルを起用するなどの現地化を推進したのに対し、アモーレパシフィックでは韓国人女優を起用するなど、韓国内と同一のイメージでマーケティングを行っている。また、現地生産における原料使用についても多くを韓国内から供給しており、中国市場においても韓国内と同一基準での製品が提供されていることから、韓国内の製品ブランドを世界標準化したグローバル・ブランドによる対応といえる。

アモーレパシフィックの中国戦略の一つは、消費の中心となる「80后」や「90后」と呼ばれる1980～90年代生まれの若年層を対象とした「韓流ブーム」を利用した巧みな広告戦略である。ドラマや映画などの動画配信サービスに対して、進出当時は規制が比較的に緩やかであった中国では、人気タレントの起用による化粧品の広告効果は高かったといえる。例えば、韓国の人気女優がヒロインとなったドラマで登場したアモーレパシフィックのクリームは、ドラマ放送後に１ヵ月の売上高が急激に増加したといわれている。「韓流ブーム」で知られた人気タレントを広告に使うことで、中国市場において韓国の化粧品は目に留まりやすく、資生堂の現地化戦略に比較すると「韓国製」を表面化させることで一定の成果を収めている。

４．ブランド戦略の比較と考察

（1）資生堂のブランド戦略

資生堂の国内外での基本的なブランド戦略は、コーポレートブランドを軸とした戦略が基本となっている。資生堂の製品ブランドの展開は、同社が持つ高評価の企業ブランドの価値の上に立脚したものであり、各製品ブランドには資生堂のコーポレートブランドが併記されているか、または有効なエンドーサーとして保証されているものである。

中国への進出では、その初期段階での中国専用ブランド「オプレ」の販売において、コーポレートブランドを併記することで、資生堂の企業名としてのブランド力に依存した戦略をとっている。また、製造元や販売元の表示に「資生堂麗源化粧品有限公司」や「資生堂（中国）投資有限公司」を記載することで、資生堂ブランドによる保証が付与されている。その他の現地専用ブランドにおいても、資生堂による保証付きブランド、またはシャドウ・エンドーサーとして存在しているものといえる。

資生堂の「オプレ」は、中国に進出していた外資系企業が高級品市場とマスマーケットの二極展開をしていたところに、その市場の空白帯ともいえる中価格帯の上位のセグメントをターゲットとした戦略によって販売を拡大していった。当時の高級輸入化粧品市場と大衆向けブランドの空白地帯を埋めるように、資生堂

表5－1　中国のスキンケア化粧品ブランド別シェア（上位10社）

ブランド名（会社名）	本社所在国	2007年		2008年		2009年		2010年	
		順位	シェア	順位	シェア	順位	シェア	順位	シェア
Olay（P&G）	アメリカ	1	13.2%	1	11.4%	1	10.5%	1	9.8%
Mary Kay	アメリカ	4	4.8%	5	5.0%	2	5.8%	2	5.8%
Aristry（Amway）	アメリカ	5	4.7%	2	5.7%	3	5.2%	3	5.0%
L'Oreal Dermo	フランス	6	4.0%	6	4.6%	6	4.4%	4	4.6%
オプレ（資生堂）	日　本	3	5.2%	4	5.1%	4	4.8%	5	4.5%
隆力奇	中　国	7	3.1%	7	3.1%	7	3.0%	6	2.7%
Avon	アメリカ	2	5.8%	2	5.7%	4	4.8%	6	2.7%
Lancome（L'Oreal）	フランス	10	1.1%	9	1.6%	8	2.0%	8	2.2%
自然堂	中　国	9	1.5%	9	1.6%	10	1.9%	8	2.2%
Vichy（L'Oreal）	フランス	8	2.0%	8	2.0%	8	2.0%	10	2.0%

出所：JETRO 日本貿易振興機構（2012）p. 6の図表により筆者作成。

の企業背景による優位性をもって新たな価格帯に「オプレ」ブランドが投入されたものである。外資系他社が低価格帯のマスマーケット向けを現地化対応、高級品市場はグローバル・ブランドによる世界標準化対応としていたところに、現地適合化された生産・販売体制によって、新たな市場セグメント上での優位性を発揮することができたといえる。

表5－1は、2007年から2010年の中国におけるスキンケア化粧品ブランドのシェアを比較したものである。スキンケア化粧品において、資生堂の「オプレ」は2007年当時で中国市場でのシェア第3位となっており、その後は高級化粧品や地場化粧品の販売伸長によってシェアを低下させているが、アジア企業のブランドとしては唯一の高い順位に位置している。次の表5－2は、メイクアップ化粧品ブランドの中国でのシェアを示している。メイクアップ化粧品は世界的に欧米ブランドが強いなかで、「オプレ」は上位に位置し安定したシェアを維持している。これらの実績から、資生堂におけるローカル・ブランドの「オプレ」は、その現地化戦略において一定の成功を収めたものといえるであろう。

図5－1は、資生堂のブランド展開を示したものである。日本国内の主要ブランドの多くが、グローバル・ブランドとして海外市場においても展開されている。

表5－2　中国のメイクアップ化粧品ブランド別シェア（上位10社）

ブランド名（会社名）	本社所在国	2007年		2008年		2009年		2010年	
		順位	シェア	順位	シェア	順位	シェア	順位	シェア
メイベリン（L'Oreal）	フランス	1	18.4%	1	18.5%	1	18.7%	1	18.9%
L'Oreal Paris	フランス	2	5.1%	2	6.7%	2	8.5%	2	10.9%
Mary Kay	アメリカ	5	2.4%	5	2.6%	3	2.9%	3	2.9%
オプレ（資生堂）	日　本	4	2.7%	3	2.8%	4	2.8%	4	2.7%
Lancome（L'Oreal）	フランス	8	2.0%	6	2.3%	6	2.3%	5	2.2%
Revlon	アメリカ	5	2.4%	7	2.2%	7	2.1%	6	2.0%
Aristry（Amway）	アメリカ	7	2.1%	8	2.0%	8	2.0%	6	2.0%
Carslan	フランス	9	0.9%	9	1.3%	9	1.6%	8	1.8%
羽西（L'Oreal）	フランス	9	0.9%	10	1.0%	10	1.4%	8	1.8%
Avon	アメリカ	3	3.5%	3	2.8%	5	2.4%	10	1.6%

出所：JETRO 日本貿易振興機構（2012）p.7の図表により筆者作成。

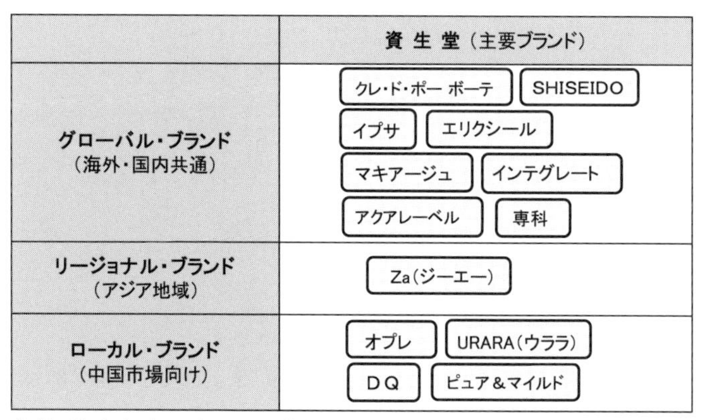

出所：資生堂（2015）により筆者作成。

図5－1　資生堂の主要ブランド

そのなかで「Za（ジーエー）」ブランドは、アジア地域向けのメガブランドとしているリージョナル・ブランドである。ローカル・ブランドとしては、中国市場で展開する「オプレ」をはじめとするブランド群があり、「ピュア＆マイルド」は低価格帯のマスマーケット向けブランドであり、欧米企業の低価格帯の戦略ブランドや中国地場ブランドと競合する位置づけである。中国の高級品市場においては、グローバル・ブランドとしての「SHISEIDO」や「クレ・ド・ポー ボーテ」などを販売しており、これらはAaker et al.（2000）が論じるところの世界的に統一され、すべての市場で機能するポジションでのブランド展開である。そして、多様な市場に合致するようにブランドイメージを洗練させたグローバル・ブランドといえる（Keller、2007）。資生堂は中国という新規市場において、中国専用のローカル・ブランドと世界標準のグローバル・ブランドの二本立ての戦略により、既存のグローバル・ブランドのアイデンティティを維持している。

資生堂のブランド戦略は、コーポレートブランドを軸とした戦略の下で、グローバル・ブランドを一斉に展開する世界標準化による戦略と、ローカル・ブランドによる現地適合化戦略の併行戦略であると論じることができる。ローカル・ブランドによる現地化には相応のコストと時間的なロスが考えられるため、ローカル・ブランドを育成するにあたってもコーポレートブランドの信用力を背景とした展開が効果的であり、また、効率的であるといえる。資生堂の事例からは、現地適合化においてはコーポレートブランドを軸とする企業の優位性が高く、容易に導入できるものといえるであろう。

（2）アモーレパシフィックのブランド戦略

アモーレパシフィックは中国市場では後発であり、先行して現地化が進められた資生堂に比較すれば、コーポレートブランドとしての認知度は劣っている。資生堂がその強力なコーポレートブランドを背景として、中国専用ブランドによるローカル・ブランド戦略を選択したのに対し、アモーレパシフィックは韓国内の製品ブランドをそのまま中国市場に拡張している。各ブランドがカニバリゼーションを発生させないように、韓国内のブランドを段階的に中国市場に進出させ、ブランド・ポートフォリオ上に計画的にブランドを配置している。

図5－2は、アモーレパシフィックの主要ブランドを示している。アモーレパシフィックではローカル・ブランドやリージョナル・ブランドとしての個別対応はしておらず、韓国内で展開するブランドをそのままグローバル・ブランドとして対応させている。

アモーレパシフィックでは、韓国内のメガブランドをそのまま中国市場に投入する戦略で、中国における販売額は、2008年の766億ウォンから2014年には4,649億ウォンまで大きく伸ばしている。この躍進の要因として考えられること

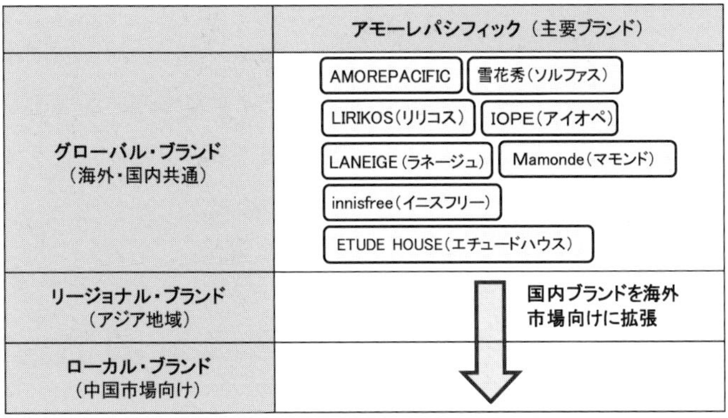

	アモーレパシフィック（主要ブランド）
グローバル・ブランド （海外・国内共通）	AMOREPACIFIC　雪花秀（ソルファス） LIRIKOS（リリコス）　IOPE（アイオペ） LANEIGE（ラネージュ）　Mamonde（マモンド） innisfree（イニスフリー） ETUDE HOUSE（エチュードハウス）
リージョナル・ブランド （アジア地域）	国内ブランドを海外 市場向けに拡張
ローカル・ブランド （中国市場向け）	

出所：アモーレパシフィック（2014，2015）により筆者作成。

図５－２　アモーレパシフィックの主要ブランド

は、自社ブランドを一斉に市場投入するのではなく、ブランドの浸透度を見極めながら段階的に進出していった戦略が功を奏したものと考えられる。2003年の「ラネージュ」、2005年の「マモンド」の進出から期間を置いて、2011年から年ごとに「雪花秀」「イニスフリー」「エチュードハウス」を中国で本格展開させている。中国以外の地域においても、各ブランドの段階的な市場投入が図られており、市場での評価とブランド認知を意識しつつ、一定期間で個別ブランドに経営資源を集中化する段階的なプロモーションが行われている。個別ブランド戦略の特徴でもあるといえるが、経営資源の分散や顧客の混乱を避ける意味において、また、個々のブランドが市場で認知されることを重視して、複数ブランドを同時進出させることを避けてきたものと考えられる。

これらのことから、アモーレパシフィックは個別ブランド戦略によって、各ブランドをグローバル・ブランドとして育成する共通戦略がとられており、世界標準のブランドとして短期間にグローバル展開を図ろうとしている。資生堂が現地専用ブランドで市場を拡大した経緯や、一部の欧米企業が中国地場企業を買収して現地ブランドを獲得してきた戦略とは異なり、ブランドの世界標準化とブランド・アイデンティティを重視した動きである。これは、松浦（2014）が論じているが、ブランド・アイデンティティを世界中で統一化することでブランドイメージの一貫性を維持するという、グローバル・ブランド戦略の典型例といえる。

アモーレパシフィックの事例からいえることは、個別ブランドによる戦略では、個々のブランドがそれぞれに市場で認知され評価を受けることが必要となる。したがって、個別ブランドを中心に展開する企業においては、ローカル・ブランドによって現地適合化を図ることは、まったく新たなブランドを未知の市場で展開することになる。これらのことから、個別ブランドによる戦略を軸とする企業においては、ローカル・ブランドの創出はコスト面で経営資源の効率化とトレードオフの関係にあり、既存のブランドをグローバル・ブランドとして世界標準化させることが有効な戦略といえるであろう。

(3) 戦略の比較と考察

表5-3は、資生堂とアモーレパシフィックの海外売上での指標を比較したものである。海外売上では資生堂が早い時期から欧米、アジア地域に進出しており、資生堂の海外売上比率は52.6%の水準にまで達している。アモーレパシフィックは中国等への進出において後発であったが、近年には中国市場での高い伸長を見せており、現地化戦略で先行していた資生堂を追う存在となっている。両社の自国内シェアでは、アモーレパシフィックは高い国内シェアを維持しているが、資生堂の国内でのシェアは最近まで低迷しており、海外売上への依存度が高まっている。しかし、国際比較での売上水準においては資生堂が5位であるのに対し、アモーレパシフィックは17位であり、韓国内の市場が拡大するなかでも、国際的な評価に至っては資生堂にはまだ及ばない状況である。

図5-3は、中国市場における資生堂とアモーレパシフィックのスキンケア化粧品とメイクアップ化粧品の売上高とシェアについて、その5年間の推移を比較したものである。アジア市場全般にスキンケア商品への関心が高く、資生堂をはじめとする日本のブランドは、このスキンケア分野で特に高い技術力を評価されてきたが、最近では韓国ブランドの評価も高まりつつある。

スキンケア化粧品では、アモーレパシフィックの中国市場のシェアは2009年までは1.3%にとどまっていたが、2012年では2.6%に倍増している。中国市場では後発であるが、計画的に個別の製品ブランドを市場に投入し、各セグメント別のマーケットを見据えたうえでの戦略が功を奏したものである。すなわち、中国の化粧品市場の拡大に合わせて、個別ブランド戦略を有効に展開させた結果といえる。

図5-4は、資生堂とアモーレパシフィックの中国市場でのブランド戦略の比

表５－３　資生堂とアモーレパシフィックの海外売上比較

（金額：百万 US$）

	資生堂	アモーレパシフィック
海外売上高	4,539	1,890
（内 中国売上）	(2,333)	(1,794)
海外売上比率	52.6％	34.7％
世界順位（化粧品）	５位	17位

出所：資生堂（2014, 2015, 2019）、アモーレパシフィック（2014, 2015, 2019）、韓国保健産業振興院（2014）、パク・ファン（2015）により筆者作成。
売上高等は、資生堂、アモーレパシフィックともに2018年12月期。
市場規模、国内シェア、順位等の基準は2013年基準。（US$への換算レート：111.00円/US$、1,116.70ウォン/US$、2018年12月28日東京市場公示仲値）

中国市場のスキンケア化粧品シェア（会社別）

順位	会社名	2008年	2009年	2010年	2011年	2012年
1	ロレアル	14.3%	14.8%	15.8%	16.3%	16.8%
2	資生堂	9.3%	9.5%	10.0%	10.1%	10.3%
3	P&G	12.3%	11.3%	10.8%	10.2%	9.8%
4	メアリー・ケイ	5.3%	6.2%	6.7%	6.7%	7.0%
	⇩					
10	アモーレパシフィック	1.3%	1.3%	1.7%	2.1%	2.6%

単位：シェア（％）
12
10
8
6
4
2
0
9.3
1.3
9.5
1.3
10
1.7
10.1
2.1
10.3
2.6
2008
2009
2010
2011
2012
■資生堂　■アモーレパシフィック

中国市場のメイクアップ化粧品シェア（会社別）

順位	会社名	2008年	2009年	2010年	2011年	2012年
1	ロレアル	29.7%	31.9%	32.7%	32.9%	33.5%
2	資生堂	5.2%	5.6%	5.9%	5.9%	6.0%
3	ルイ・ヴィトンMH	3.1%	3.5%	3.7%	3.9%	4.0%
4	エスティローダー	2.1%	2.5%	3.1%	3.6%	3.8%
	⇩					
10	アモーレパシフィック	1.5%	1.5%	1.5%	1.6%	1.7%

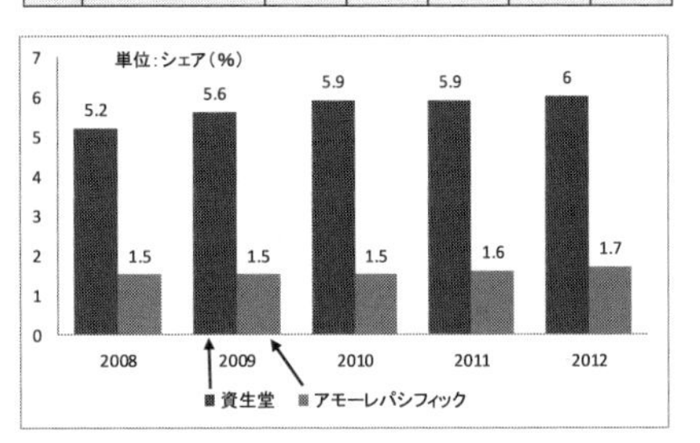

出所：キム（2013）により筆者作成。

図５－３　中国市場における２社のシェア比較

較を図示したものである。資生堂はコーポレートブランドを軸とした戦略であり、企業のブランド力を背景としたローカル・ブランドによる現地適合化と、世界標準のグローバル・ブランドによる併行戦略といえる。

資生堂のように、企業名やコーポレートブランドの認知度が高い状況では、親ブランドによる保証が見える形をとることで、新規市場における現地化対応のローカル・ブランドの構築は容易であるといえ、適合性を見ることができる。ロー

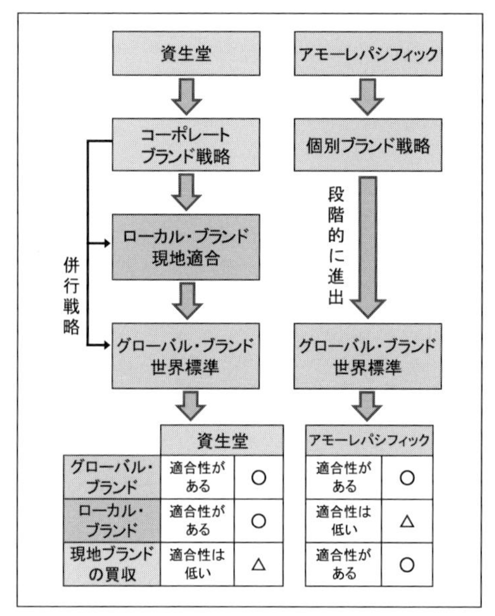

出所：筆者作成による。

図５－４　資生堂とアモーレパシフィックの戦略比較

カル・ブランドと既存ブランドとの間において、明確な差別化の創出とブランドイメージの調整を経ることで、コーポレートブランドのイメージを傷つける懸念も少なくなる。また、既存のグローバル・ブランドにおいても、コーポレートブランドを背景としたブランド・ポートフォリオがすでに構築されていることから、複数の製品ブランドを一斉に新規市場へ投入することが可能といえる。資生堂という企業のブランド価値に対して経営資源を集中化することで、傘下の各製品ブランドがその効果を享受できるものである。

一方のアモーレパシフィックにおいては、個別の製品ブランド戦略を軸とする戦略であることから、新規市場においては企業名やコーポレートブランドによる認知は期待できない。個別の製品ブランドがそれぞれに評価を得ることが必要であり、経営資源の分散化を防ぐためには、段階的に各ブランドを進出させていく方法が得策といえる。また、新規市場へ段階的に進出させることで、個別の製品ブランドに問題や経営上のリスクが生じた場合にも、他のブランドへの影響は限定的であり、その個別ブランドを市場から撤退することも容易である。

個別ブランド戦略において、ローカル・ブランドを新規市場で構築するには一からのブランド構築が必要となり、マーケティングのコスト面での優位性が低いため、その適合性は低いものといえる。しかしながら、グローバル・ブランドによる世界標準化対応においては、既存の製品ブランドを、同一のブランド・アイデンティティを維持しつつ他市場へ拡張させることで、マーケティングコストも軽減されることから、適合性が認められるものである。また、コーポレートブランドのイメージなどに拘束されないブランド展開であることから、現地企業のブランドを買収して傘下とすることも容易であり、コーポレートブランドを軸とした戦略に比較すると、現地ブランドの買収への適合性が見られる。

以上の考察から、資生堂のローカル・ブランドによる戦略は、進出当初から有効な展開を成すことができたが、外資の化粧品各社が競合するなかでは、従来の先発優位を維持し続けることは難しい状況となっている。アモーレパシフィックなどの新規参入の後発ブランドが、資生堂を一つのターゲットとして集中的なプロモーションで対抗することにより、先発の優位性は薄まりつつある。すなわち、強力なコーポレートブランドを背景として新規市場での認知を補完する戦略には限界があり、今後の新規市場への参入においては、個別の製品ブランドをグローバル・ブランドに拡張した世界標準化も有力なブランド戦略であるといえる。

5．小 括

本章では、日本の資生堂と韓国のアモーレパシフィックの中国における化粧品ブランドの戦略について比較を行い、その戦略の特徴と業績への効果を考察した。両社を比較して明らかとなったことは、コーポレートブランド戦略を軸とする資生堂においては、企業としてのブランドへの信頼と評価を背景としており、親ブランドの保証下でローカル・ブランドによる現地化戦略が比較的容易である。さらに、コーポレートブランドの傘下にある製品ブランド群を並行してマーケティングすることも可能である。また、新規市場において低価格帯の製品を投入することが、親ブランドの評価に影響を及ぼす場合もあり得ることから、ローカル・ブランド対応によるブランドのすみ分けにも効果がある。

一方の韓国のアモーレパシフィックにおいては、個別の製品ブランド戦略が中心であるため、コーポレートブランドの信頼や評価に依存したマーケティングは期待できず、各ブランドが単独で新規市場における地位を築いていくことになる。そのために、ローカル・ブランドの構築においては、自国での新規ブランドの育成よりも困難となることが予想される。すなわち、個別ブランドを軸とした戦略では、ローカル・ブランドによる現地適合化よりも、既存ブランドを海外市場にそのまま拡張し、世界標準のグローバル・ブランドとしていく方法を選択することが、余分なマーケティングコストを負担せず既存の経営資源を有効に活用できるものといえる。

資生堂のように長年の国際的評価と信頼を得た企業においては、そのコーポレートブランドは信頼の証となり、傘下ブランドのエンドーサーとして有効である。それは、新規市場においてもコーポレートブランドの認知が有効であるかぎり、新たなローカル・ブランドの創出において優位性が高いものである。しかしながら、新規市場においてコーポレートブランドの認知度が低い場合には、既存の個別ブランドをグローバル・ブランドに育成していく方が、コスト面やブランド認知までの時間において有利であり、グローバルな評価を得ることでの相乗効果も期待できる。

これらのことから、コーポレートブランドによる戦略を軸とする企業では、ローカル・ブランドによる現地化に適合性を有し、個別ブランドによる戦略を軸とする企業では、ローカル・ブランドによる戦略での適合性は低いという結論が導かれる。また、両戦略ともにグローバル・ブランドによる標準化には適合性を有しており、これらの考察の結果は、本研究における新たな発見であるといえる。

既存研究では、製品や企業としての海外進出の議論が中心であり、本研究は海外進出をブランドから捉えた研究として意義をなすものと考える。本研究は、日韓の化粧品メーカーを例として、中国市場でのブランド戦略を考察した一つの事例であるが、新規市場におけるブランド戦略の選択の可能性として、また、コーポレートブランドと個別ブランドによる戦略の効果として、今後のブランド戦略の研究に貢献するものと考える。

〈注〉

（1）　都市部在住の月収2,500元以上の女性が、2005年の約2000万人から2010年には約1億人の5倍に増加したといわれている（日本貿易振興機構、2012年、p. 3)。

（2）　松浦（2014）pp. 29-30。

（3）　井上（2013）pp. 71-72。

（4）　コーセーのホームページおよび張（2010）pp. 146-147、安部（2010）を参考にした。

（5）　カネボウ化粧品のホームページおよび張（2010）p. 147、安部（2010）を参考にした。

（6）　張（2010）pp. 144-145、金・古川（2007）p. 118、安部（2010）を参考にした。

（7）　張（2010）p. 145、金・古川（2007）p. 118、安部（2010）を参考にした。

（8）　張（2010）pp. 145-146。

（9）　宮本（2013）pp. 82-85。

(10)　1949年～1978年までは中央政府による配給制度の下にあった。

(11)　李・丑山（2014）pp. 33-34、張（2010）p. 144を参考にした。

(12)　「隆力奇」は2010年現在で、中国のスキンケア化粧品ブランドで6位のシェア2.7％である（JETRO日本貿易振興機構（2012）p. 6)。

第6章

各事例からの考察

本章では、前章までの各戦略の考察結果から、そのフレームワークを用いて多面的に考察し各理論から複合的に検証を行うことで、ブランド戦略の新たな枠組みを提示する。

1．製品アーキテクチャ論から見たブランド・ポートフォリオ戦略

（1）ブランド・ポートフォリオと擦り合わせ型ブランド

第3章において、ブランド・ポートフォリオ戦略における各ブランドのポジショニングの適合性について論じたが、ここでは、製品アーキテクチャの概念からブランド・ポートフォリオ戦略を比較する。ブランド・ポートフォリオ戦略については先行研究において、各セグメントにおける重複の回避やリスクヘッジ、ポジショニングでのシナジー効果が論じられており、本研究ではさらに三次元図によるブランドの展開の比較によって、その特性の領域を分析に加えた。その比較において、コーポレートブランドを軸とした資生堂のブランドは、特殊性（特異性）を有したブランドが少なく、資生堂の企業としての技術的評価や長年の皮膚科学の研究実績に依拠したブランド展開であった。コーポレートブランドの評価に立脚し、そのなかで機能性やブランドイメージによって差別化を図りつつ、価格プレミアムを追求するものである。ここでは、第4章で論じた製品アーキテクチャの概念における「擦り合わせ型ブランド」を、資生堂のブランド・ポートフォリオにおける「機能性」と「価格帯」での戦略の重視、そして、「特殊性」による戦略を重視していない展開から見ていく。

図6－1は資生堂のブランド・ポートフォリオを示したものであり、資生堂のコーポレートブランドに依拠したブランドとノン資生堂ブランドを配置している。各ブランドがポートフォリオ上に配置されているが、通常のスキンケアやトータルケアのブランド数は多く、価格帯の違いはあるが、同一セグメント上で重複したポジショニングがなされている。コーポレートブランドから離れた「ノン資生

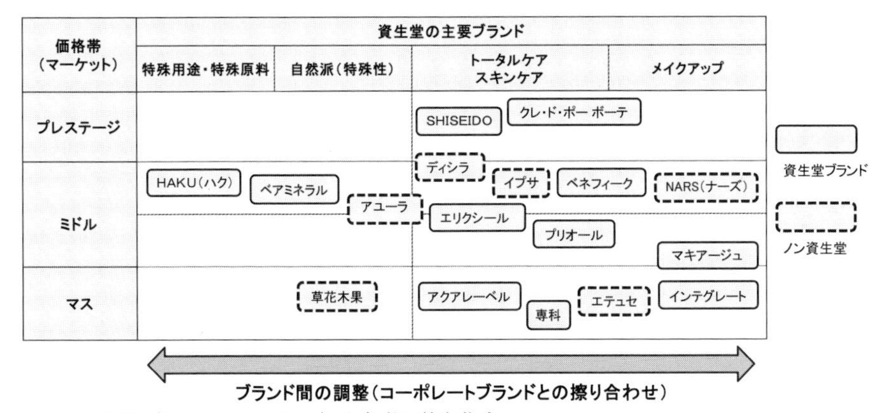

出所：資生堂（2013、2014、2015）を参考に筆者作成。

図6－1　資生堂のブランド・ポートフォリオと擦り合わせ

堂ブランド」についても、ポートフォリオ上の同じセグメントで競合している。これらはシャドウ・エンドーサー・ブランドとしてコーポレートブランドの背景も有していることから、明確な差別化とは反する形で、コーポレートブランドのイメージを大きく逸脱できない要素を持つことになる。したがって、ブランド・ポートフォリオ上の全ブランドがコーポレートブランドとの調整を要する対象といえる。資生堂は特殊性による差別化ではなく、価格帯と機能性の効果におけるイメージでブランドが展開されており、プレミアムとなるのは機能性の高さを訴求点とすることや、容器の高級化や厳選された原料をアピールしたものである。特殊性による差別化が少ない状況では、各ブランドが同一セグメントに重複してポジショニングされることは、何らかの異なる訴求が必要である。すなわち、この異なる訴求点をつくり出す際には、コーポレートブランドとの複雑な調整、つまり擦り合わせを要するものである。資生堂のブランド・ポートフォリオ上にポジショニングされた各ブランドは、それぞれがコーポレートブランドとの多様な擦り合わせによって配置されている。ポートフォリオ上の各セグメントで重複したブランドであっても、それは大きな意味で資生堂のブランド・システムを形成し支える部品である。資生堂のブランド・ポートフォリオが最適化された状態で完成するためには、各製品ブランドという部品がコーポレートブランドや部品間で調整されていなければならない。全体のシステムを構成する部品としてブランドを捉えた場合には、ブランド・ポートフォリオの現在の状況は、すなわち、擦

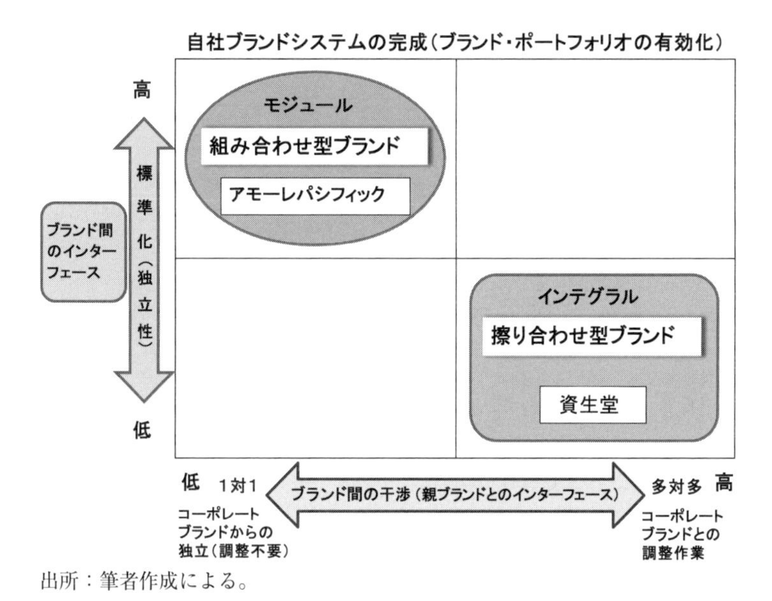

出所：筆者作成による。

図6－2　製品アーキテクチャ論による戦略の分類

り合わせで完成した企業のブランド・システムの完成度を示すものといえよう。

図6－2は、第4章で論じた製品アーキテクチャ論による定義をまとめたものであり、「擦り合わせ型ブランド」と「組み合わせ型ブランド」の位置づけを再掲している。資生堂におけるブランド展開は、コーポレートブランドが軸となり、そのブランド力を背景とした戦略であることから、「資生堂（SHISEIDO）」ブランドとの調整が必須であり、そのコーポレートブランドのイメージの範囲から逸脱できないルールが生じる。例えば、スキンケア化粧品において、特殊な原材料によって加齢防止や美白といった機能性を高めたとしても、特殊原料や香料の配合では、使用によるアレルギー反応などの副作用のリスクも高くなる。特に美白効果を訴求する化粧品においては、過去に副作用被害(1)が見られたことから、特殊原料や特殊効果を訴求した製品では特に慎重となる。カネボウの事例のように、コーポレートブランドを軸として展開するブランドにおいては、副作用被害によるレピュテーションリスクは一つのブランドに留まらず、コーポレートブランドとして負うことになる。そのためにコーポレートブランドを軸とした戦略では、製品の開発においてコーポレートブランドや企業イメージに依拠することになり、

その製品ブランドにおいても同様に、親ブランドのアイデンティティやイメージの下で運営されることになる。この暗黙のルールとの調整作業が「擦り合わせ」の過程であり、ブランド・ポートフォリオの構築において、「資生堂のブランド・システム」を常に最も効果的に機能させ、システムを完成に近づけることが「ブランド擦り合わせ」のプロセスである。

ブランド・ポートフォリオを全社のブランド・システムの完成形として見た場合、ブランドの各々が部品として機能しなければならない。資生堂の場合は「擦り合わせ型ブランド」であるために、その部品としての各製品ブランドは互いに独立したものではなく、それぞれのブランドが何らかの接点で連結したものともいえる。同じセグメントやカテゴリーにおいて、わずかな機能差や容器やパッケージの優劣で価格帯が決定し、ブランドのグレードの差が生じる。資生堂の化粧品メーカーとしての評価と実績で購入する消費者にとっては、同じ資生堂傘下のブランドにおいて、わずかな価格差と機能差を区別して購入を決定しなければならない。擦り合わせの調整プロセスが生じることで、このわずかなブランドのグレードを区別できるようになり、ブランド・ポートフォリオ上での複雑な配置が可能となるものである。これは「組み合わせ型ブランド」に見られるような、単純なブランドのポジショニングや重複時のカニバリゼーションの回避とは異なり、「資生堂」として購入する消費者に明確にブランド・ストーリーを伝える必要がある。資生堂のブランド・ポートフォリオ上でブランドを回遊させ、差別化ポイントを認知させるためには、ブランドの差異をコーポレートブランドのイメージの下でつくり出さなければならない。コーポレートブランドを背景としたブランド・ポートフォリオでは、擦り合わせ作業によるブランドのポジショニングが重要となるであろう。

(2) ブランド・ポートフォリオと組み合わせ型ブランド

次の図6-3は、「組み合わせ型ブランド」が配置されたモデル図を示したものである。

縦軸を価格帯とし、横軸を四つの顧客ニーズのカテゴリーで分類しており、ブランドを組み合わせて配置される例をあげている。ここでは、コーポレートブランドも一つの製品ブランドに過ぎず、各ブランドは独立して配置されており、互いに干渉し合うことはほとんどない。組み合わせ型ブランドは無秩序に配置され

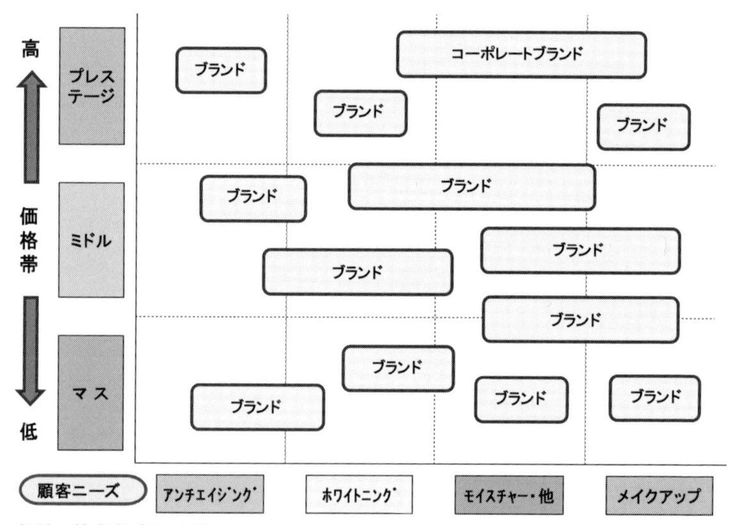

出所：筆者作成による。

図6－3　組み合わせ型ブランドのモデル図

るわけではなく、同一セグメント上にポジショニングされる際には、カニバリゼーションを回避するための明確な差別化が必要である。基本的には重複を避ける配置がなされており、限定したブランド数によってブランド・ポートフォリオが構成される。また、ブランド間の関係は希薄であり、コーポレートブランドのイメージからは離れた存在としており、各ブランド間では調整が不要な関係にある。擦り合わせ型のブランドと同様に、ブランド・ポートフォリオの完成形を全社のブランド・システムの完成による最終製品として考えた場合には、各ブランドは組み合わされた部品と捉えることができる。最終完成品としてのポートフォリオの最適化を図るためには、各セグメントを埋めるように効率的かつ効果的な組み合わせが必要であり、各製品ブランドには各々の役割が与えられるものといえよう。

図6－4は、第4章において「組み合わせ型ブランド」として定義した、アモーレパシフィックのブランド・ポートフォリオの例である。主要ブランドを例示しているが、そのセグメントにおいては、重複するブランドは少なく、特殊性が高いことから各ブランドの差別化の主張は強い傾向にある。コーポレートブランドとして企業名を冠した「AMOREPACIFIC（アモーレパシフィック）」に近い

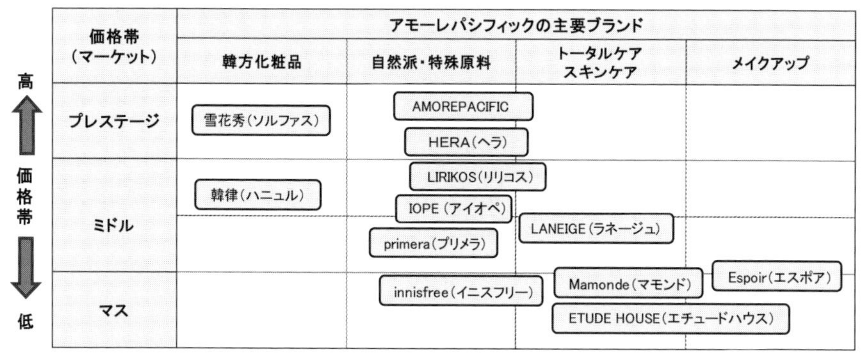

出所：アモーレパシフィック（2013、2014、2015）を参考に筆者作成。

図6－4　アモーレパシフィックのブランド・ポートフォリオと組み合わせ

存在は「HERA（ヘラ）」であるが、自然派化粧品としての原料配合やブランドイメージ、価格帯での差別化を図っている。

その他のブランドも限定された数をポジショニングすることで、ブランド間の関連づけが薄まることや、ターゲットとする顧客層を区分することでカニバリゼーションを回避しており、ブランド間の関係が独立した「組み合わせ型ブランド」といえるものである。組み合わせによるポジショニングであることから、当初より同一セグメントでのブランドの配置は限定的であり、擦り合わせ型に比べるとブランド数は少ない傾向が見られる。ミドルマーケットのボリュームゾーンにおいては、「自然派」や「スキンケア」のカテゴリーにブランドが多く配置されているが、「IOPE（アイオペ）」や「LANEIGE（ラネージュ）」「primera（プリメラ）」などのブランド・コンセプトは異なり、明確なブランド・アイデンティティが与えられている。マスマーケット向けの「innisfree（イニスフリー）」や「ETUDE HOUSE（エチュードハウス）」は主に単独のブランドショップとして路面店展開をすることで、ブランドの異なるイメージを最大限に露出させている。それぞれの製品ブランドが独立して機能するなかで、ポートフォリオ上の各セグメントに明確な意思をもってポジショニングされることにより、ブランド・ポートフォリオは最適化された理想形に近づいていく。重複の度合いや差別化の明確性によって全社のブランド・システムの完成度は高まり、ものづくりの最終製品としての完成品を成していくものであり、ポートフォリオの構成は組み合わせの優劣によってその完成度が左右されるものである。

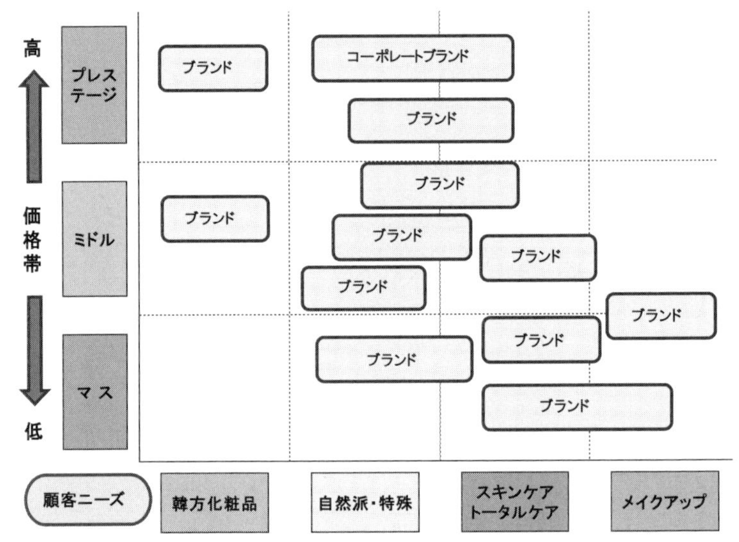

出所：筆者作成による。

図6-5　アモーレパシフィックの主要ブランドの組み合わせイメージ

図6-5は、アモーレパシフィックのブランド・ポートフォリオの図を、組み合わせ型ブランドのイメージ図に当てはめたものである。各ブランドはセグメント上に少数がポジショニングされ、顧客ニーズのカテゴリーや価格帯が近い関係にあるブランドにおいても、そのブランドイメージの違いによってターゲットとする顧客層を異なる対象とすることで、ポジショニングを効率化している。それぞれのブランドは重複を避けるようにコーポレートブランドとは無関係に配置され、各々のブランドが強い特色を前面に出すことによって、コーポレートブランドとの擦り合わせを不要とする構成である。組み合わせ型ブランドの特徴としては、各ブランドが独立して機能することやコーポレートブランドの評価とは異なる訴求点を有することである。個別ブランドによるブランド・ポートフォリオの構成は、ブランドを機械の部品のようにはめ込んで、自社全体のブランド構成を効率化する「組み合わせ型」であり、そのためには差別化要素と数を限定して各ブランドに強みを持たせる必要がある。全社ブランド（コーポレートブランド）による「擦り合わせ型」とは対照的なポジショニング方法であり、コーポレートブランドの傘の下で展開することや、その購入動機として企業背景やコーポレー

トブランドの評価や信頼性を重視するものではない。したがって、アモーレパシフィックのブランド・ポートフォリオからいえることは、各製品ブランドは「AMOREPACIFIC」のコーポレートブランドとは独立したものとして存在し、各セグメント上に特殊性による差別化で組み合わせられたブランド群であるということである。組み合わせ型ブランドの特徴であるコーポレートブランドとの調整作業の省略や、ブランドを一つの部品として入れ替えることが可能であり、個別のブランドを常に戦略的に配置することでポートフォリオの完成度を高めている形態といえよう。

2．グローバル・ブランド戦略と組み合わせ型ブランド

（1）日韓化粧品企業のグローバル・ブランド戦略

図6-6は、資生堂とアモーレパシフィックの主要ブランドにおけるグローバル対応とローカル対応を図示したものである。それぞれ、コーポレートブランドによる全社レベルのブランド展開と、部門レベルによる個別ブランドに分けて示している。

資生堂では、全社レベルのコーポレートブランドに依拠したブランド構成であり、グローバル・ブランドとして標準化させたブランド群と、ローカル・ブランドとして現地適合化させたブランド群まで広範囲のブランドが存在している。資生堂のコーポレートブランドから離れた「ノン資生堂」のブランド群は、資生堂によるシャドウ・エンドーサー・ブランドとして中間的な存在にある。これらは、資生堂のコーポレートブランドがまったく関与していないものではなく、広義において資生堂の全社ブランド（コーポレートブランド）の傘の下で展開されている。そのためには、「資生堂（SHISEIDO）」ブランドとしてのブランド間やコーポレートブランドとの調整を要し、いわゆる「擦り合わせ」が必要なものといえる。

また、資生堂のアジア・中国市場戦略におけるローカル・ブランドには、中国市場向けの「AUPRES（オプレ）」や「URARA（ウララ）」「DQ（ディーキュー）」「PURE & MILD（ピュア&マイルド）」があり、中国現地のローカル・ブランドとして完全に現地化が進んだものである。「Za（ジーエー）」は、アジア専用ブランドとして、ベトナムなどで製造するアジア地域でのリージョナル・ブ

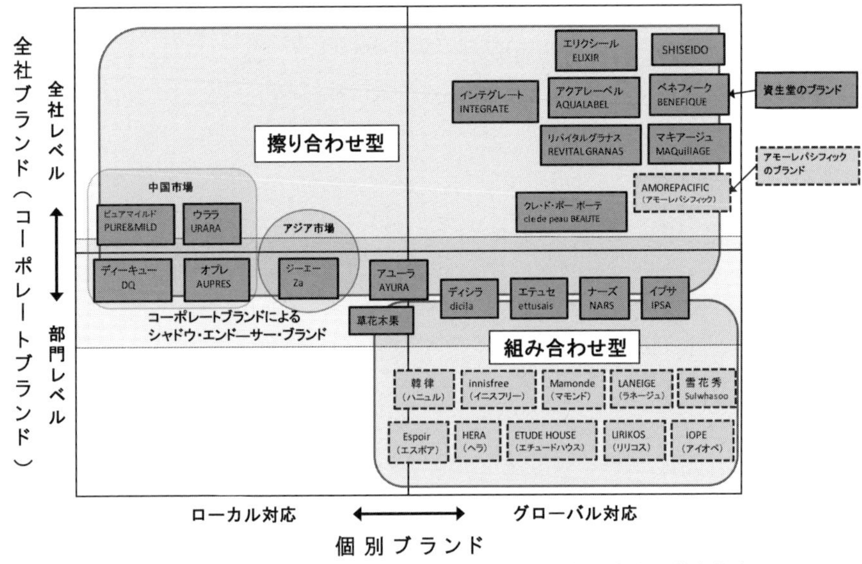

出所：資生堂およびアモーレパシフィック（2013、2014、2015）を参考に筆者作成。

図6－6　日韓二社のグローバル・ブランド戦略と製品アーキテクチャ

ランドであり、マスマーケット商品としてアジアでの販売地域は幅広くアジア市場でメガブランド化している。これらは第5章において論じているとおり、資生堂のブランド力の背景による展開であり、そのブランド創出のプロセスにおいては擦り合わせが必要なものである。したがって、資生堂の各ブランドは、グローバル対応においてもローカル対応においても、資生堂という企業背景のコーポレートブランドとの「擦り合わせ」によって展開され、単純に配置され地域対応したブランドというものではない。「資生堂（SHISEIDO）」という全社ブランドの下で展開させる明確な意思があるゆえに、コーポレートブランドのイメージを重視したうえで、チャネル別や価格帯において差別化しながらブランドを構築していったものといえる。

一方のアモーレパシフィックの各ブランドは、部門レベルの個別の製品ブランドによって構成されている。企業名を冠した「AMOREPACIFIC」のみが、全社ブランド（コーポレートブランド）の位置づけである。個別ブランドとして展開する各ブランドは、それぞれ国内のメガブランドをグローバル展開においても対応させており、既存の国内ブランドを海外市場にそのまま拡張している。アモーレパシフィックの各ブランドは、コーポレートブランドとの関係は希薄であり、親ブランドとの調整作業という擦り合わせのプロセスを必要としない展開といえる。個別のブランドをブランド・ポートフォリオ上に効率的にポジショニングすることによって、「組み合わせ型ブランド」として自社全体のブランド・システムを機能させるものである。国内の既存ブランドを海外市場においても展開させることによって、地域や国別のローカル・ブランドでの現地適合化を図るのではなく、グローバルな標準化戦略といえる。

個別のブランドにおいては、中国市場で「Mamonde（マモンド）」を先行展開し、その後に「LANEIGE（ラネージュ）」や「雪花秀（ソルファス）」「innisfree（イニスフリー）」を次々に投入しており、中国市場でのシェアを高めつつある。特に「雪花秀」の昨今の中国市場での販売は好調であり、当初のマスマーケット主体の展開からプレステージ市場へ参入し、中国内での化粧品ブランドとして評価が高まっている。韓方化粧品という特殊性を兼ね備え、現代中国における富裕層の満足を得るブランドとして定着しつつあるのが「雪花秀」であり、高級化粧品市場においても韓国化粧品ブランドが認知されつつある事例である。グローバル・ブランドとして国内ブランドのイメージを拡張し、世界標準化させたブランドであり、欧米の化粧品ブランドに見られるような、個別の製品ブランドをグローバル・ブランドとして確立させる典型的事例といえよう。中国市場や他のアジア市場においては、各ブランドを段階的に進出させ、ブランドイメージを十分に浸透させる戦略としている。各ブランドは個別に評価を得ながら、「組み合わせ」によってブランド・システムを完成させ、組み合わされた個別ブランドが国内外において戦略的なポジションを得ることに成功している。

（２）欧米化粧品企業のブランド戦略

表６-１は、欧米化粧品企業の代表ともいえる、フランスのロレアル社の主要ブランドを一覧化したものである。ロレアルは1909年にフランスで創業され、日本では1963年に当時の小林コーセーと提携して主に美容サロン向けとして日本市場に参入した。日本ロレアルのホームページで事業形態を確認すると、各製品ブランドはチャネル別の各事業部に分類されている。そのブランドの多くが、世界標準のブランドの位置づけであり、各ブランドの規模も日韓の化粧品企業に比較して大規模なものが多い。

表6－1　ロレアルの主要ブランド

ロレアルの主要ブランド（事業部別展開）		
プロフェッショナルプロダクツ事業本部	ロレアル リュクス 事業本部	コンシュマープロダクツ事業本部
美容室等の業務用	プレステージブランド	マスマーケット向けメガブランド
ロレアル プロフェッショナル (L'Oréal Professional)	ランコム（LANCÔME）	ロレアル パリ (L'Oréal Paris)
ケラスターゼ（Kerastase）	イヴ・サンローラン (Yves Saint-Laurent)	メイベリン ニューヨーク (Maybelline New York)
アレクサンドル ドゥ パリ (ALEXANDRE DE PARIS)	シュウ ウエムラ (Shu Uemura)	エッシー（essie）
アトリエ メイド バイ シュウ ウエムラ (ATELIER MADE by shu uemura)	ヘレナ ルビンスタイン (Helena Rubinstein)	ザ・ボディショップ (The Body Shop)
カリタ（CARITA）	キールズ（Kiehl's）	
デクレオール（DECLEOR）	ロジェ・ガレ (ROGER & GALLET)	アクティブ コスメティックス事業部
	ジョルジオ アルマーニ (Giorgio Armani)	皮膚科医によるスキンケア化粧品
	ラルフ ローレン フレグランス (RALPH LAUREN)	ラ ロッシュ ポゼ (LA ROCHE-POSAY)
	ディーゼル フレグランス (DIESEL)	スキンシューティカルズ (SKIN CEUTICALS)

出所：ロレアルのホームページ（各ブランドサイト）を参考に筆者作成。

ロレアルでは、「プロフェッショナルプロダクツ事業本部」「ロレアルリュクス事業本部」「コンシュマープロダクツ事業本部」「アクティブコスメティックス事業部」という四つのチャネル別事業部に分け、各部門別にブランドを管理している。ブランド・ポートフォリオがチャネル別の事業部で明確に区分されている。ロレアルの一般消費者向けの事業部であるロレアルリュクス事業本部では、世界的なメガブランドを担当しており、「LANCÔME（ランコム）」や「ヘレナ・ルビンスタイン」といったプレステージブランドが管理されている。一般消費者向けのブランドとともに、美容室などのプロ向けとしてプロフェッショナルプロダクツ事業本部が置かれ、業務用はロレアルの主力部門でもあることから一定のブランド数を有している。そのなかで企業名を冠する「ロレアル」ブランドは、特に美容室向けの業務用での評価と高いシェア、マスマーケットでの高い認知度と販売量を誇っており、コーポレートブランドとしてのブランド認知も世界的に高いのが特徴である。

次の表6-2は、ロレアルのプレステージブランドを示しており、現在に至るまでM&Aによってブランドのラインナップを拡大していった経緯がある。ロレアルの事業は石鹸製造やヘアカラー、シャンプーなどの製品からはじまっており、1990年代初頭では、欧州市場への依存度の高いヘアケア製品を主体とした企業であった。ロレアルにおける化粧品事業の本格化は、「LANCÔME（ランコム）」ブランドの買収からである。現在では、「ランコム」はロレアルの代表的なプレステージブランドであるが、次々と買収によってブランドを加えていった。近年では、2004年にメイクアップ化粧品として代表的なブランド「Shu Uemura（シュウ ウエムラ）[(2)]」を、2006年には英国の「The Body Shop（ザ・ボディショップ）」、2008年には「イヴ・サンローラン」を傘下とした。これらのブランドは、既存ブランドのグローバル市場への拡張という形をとっている。ロレアルのグローバル化が急速に躍進したのは1997年の中国進出が契機であり、1996年にアメリカの「メイベリン」を買収した後、「メイベリン・ニューヨーク」として再生し、アメリカでの販売拡大と同時に中国市場向けのマスブランドとしてグローバル化を促進している。「メイベリン・ニューヨーク」は、買収当時はアメリカ以外では数か国でしか販売されていなかったが、買収後5年の間に新たに80か国へ進出し、2008年には売上で世界第6位のブランドに成長させている[(3)]。また、中国市場においては2003年に現地の地場ブランドの「小護士（ミニナース）」、2004年には「羽西（ユーサイ）」を買収している。ローカル・ブランドへの対応は、既存の現地ブランドの買収の形で進めており、M&Aによる事業拡大に積極的である。

ロレアルのブランド戦略の基本路線は、グローバル・ブランドによる標準化戦略であり、個別のブランドをグローバルに同一のアイデンティティで展開することである。ブランドの種類も幅広いが、ローカル・ブランドについては、主に地場ブランドの買収によって労力をかけずに拡大し、グローバル・ブランドとの並列的な展開となっている。製品アーキテクチャの概念から見ると、M&Aを繰り返す典型的な「組み合わせ型ブランド」といえ、各ブランドは「ロレアル」のコーポレートブランドから独立して機能している。韓国のアモーレパシフィックやLG生活健康のブランド戦略は、個別ブランドを中心とする戦略という点でロレアルのブランド戦略に類似しており、特にLG生活健康はM&Aによるブランド

表6-2　ロレアルのプレステージブランド

ロレアルのプレステージブランド	
ロレアル リュクス 事業本部	主なカテゴリーと特色
ランコム（LANCÔME）	ロレアルの高級ブランド （スキンケアからメイクアップの総合）
イヴ・サンローラン （Yves Saint-Laurent）	メイクアップ～スキンケア化粧品
シュウ ウエムラ（Shu Uemura）	メイクアップ化粧品が有名 （スキンケア化粧品も販売）
ヘレナ ルビンスタイン （Helena Rubinstein）	スキンケア～メイクアップ化粧品
キールズ（Kiehl's）	スキンケア化粧品が中心
ロジェ・ガレ（ROGER & GALLET）	香水やクリーム、ソープ等
ジョルジオ アルマーニ （Giorgio Armani）	スキンケア・メイクアップ・香水等
ラルフ ローレン フレグランス （RALPH LAUREN）	香水類
ディーゼル フレグランス（DIESEL）	香水類

出所：ロレアルの各ブランドサイトを参考に筆者作成。

獲得などでの共通要素がある。組み合わせ型のブランド展開であるという判断からも、戦略に共通性が見られる。しかしながら、アモーレパシフィックなどの韓国化粧品における特殊性は見られず、プレステージ領域でのブランド構築とブランド力を背景にした戦略である。これは、ロレアルが化粧品ブランドの買収によって化粧品事業を拡大してきた歴史にも大きく関連しており、既存のプレステージブランドを傘下に収めながら、ロレアルの企業力でメガブランドへと拡張してきた経緯に起因するといえよう。さらに、企業名としてのコーポレートブランドの認知度も高く、企業名がグローバルには認知されていない韓国メーカーとは基本的に異なる背景を有している。この点では資生堂に類似した背景を有しているが、コーポレートブランドのみに依存したマーケティングではないことが資生堂との相違点である。長年に培った高いブランドパワーは資生堂を凌ぐ評価を有しており、「ロレアル」のコーポレートブランドはグローバルに有効といえるが、M&Aで得た個別ブランドも巧みなプロモーションによって成長させている。こ

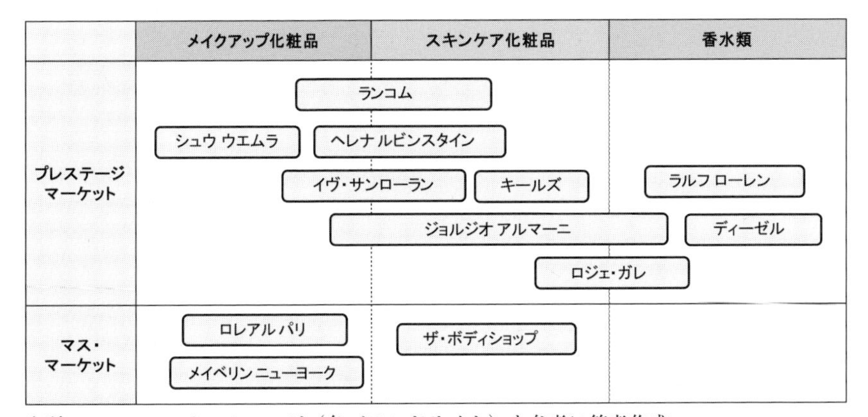

出所：ロレアルのホームページ（各ブランドサイト）を参考に筆者作成。

図6－7　ロレアルのブランド・ポートフォリオ（主要ブランド）

れらのことから、ロレアルのブランド戦略は、個別ブランドを中心とした戦略であり、ブランドの構成は「組み合わせ型」であるが、その企業規模からコーポレートブランド自体も大きなパワーを有しており、アモーレパシフィックと資生堂の折衷型または併存型の戦略といえる。

図6－7は、ロレアルの主要ブランドによるブランド・ポートフォリオを示したものである。プレステージ領域でのブランド展開が主であるが、主要ブランドの大部分が近年に買収や提携によって傘下としたブランドであることが特徴的である。元来がヘアカラー製品や美容室向けの業務用ヘアケア製品が主体であったことから、化粧品分野ではM&Aによるブランド展開となった経緯がある。コーポレートブランドとしての「ロレアル　パリ」が純粋な自社発祥ブランドといえ、多くのブランドが何らかの経緯でロレアルの傘下となり、ロレアルの販売力とブランド育成力によってメガブランド化されたものである。特にマスマーケット向けのブランドは少数精鋭での展開であり、「メイベリン・ニューヨーク」と「ロレアル　パリ」の両ブランドはグローバルに展開する超大型ブランドである。元々が日本の化粧品ブランドであった「シュウ　ウエムラ」においても、ロレアルのグローバル・プラットフォームを利用したことで海外に拡張され、現在では大半が日本以外の海外市場で販売されている[4]。ロレアルのブランド・ポートフォリオでは、化粧品事業でのブランドは限定されており、プレステージ領域での重複が見られるものの、それぞれが個別ブランド戦略によって個々の大きなブラ

表6-3　エスティローダーの主要ブランド

エスティローダーの主要ブランド	
ブランド名	主なカテゴリーと特色
エスティローダー (Estée Lauder)	1946年創始の代表的なコーポレートブランド（スキンケアからメイクアップの総合ブランド）。
クリニーク (CLINIQUE)	1968年に誕生した代表的なブランドであり、スキンケアからメイクアップ、メンズまでラインナップ。
メイクアップ・アート・コスメティックス (MAC)	メイクアップ化粧品が中心有名であり、メイクアップ用品やスキンケア化粧品も取扱（1984年～）。
アヴェダ (Aveda)	1978年に創設され、自然界由来のスキンケアから、ボディケアやメイクアップ化粧品を取扱いする。
オリジンズ (Origins)	植物の力と科学の結晶を生み出すコンセプトで、自然植物成分を使用した自然派スキンケア化粧品ブランド。
ボビイ・ブラウン (Bobbi Brown)	1991年に誕生したメイクアップ化粧品が主力のブランドである（スキンケア化粧品も取扱いする）。
アラミス (Aramis)	1964年に世界で初めての男性用総合化粧品として誕生したブランドである（香水が有名）。
ドゥ・ラ・メール (DE LA MER)	2000年代に始まった高級スキンケアブランドであり、高級クリームなどを販売している。
ジョー　マローン　ロンドン (JO MALONE LONDON)	香水ブランドとして1994年に開始し、フレグランスに加えてバス＆ボディケアのブランドである。

出所：エスティローダーのホームページ（各ブランドサイト）を参考に筆者作成。

ンドパワーを有した特色を活かしている。地域を限定しないグローバルな展開によって大きなシェアと販売量を確保し、企業規模に比べてブランド数も少数であることから、カニバリゼーションの影響を表面化しないポートフォリオが構築されているといえる。このことは、資生堂やアモーレパシフィックのブランド展開とは比較できないような、巨大な販売力による規模のメリットを享受しているものであり、日韓の化粧品メーカーとの単純な比較は困難であるといえよう。

表6-3は、エスティローダーの主要ブランドを一覧に示したものである。エスティローダーは1946年にアメリカで創業し、日本には1967年に支社を開設して進出した。主力ブランドは、企業名を冠した「Estée Lauder（エスティローダー）」や「Aramis（アラミス）」「CLINIQUE（クリニーク）」「De La mer（ドゥ・ラ・メール）」が有名である。日本では、「エスティローダー」「アラミス」

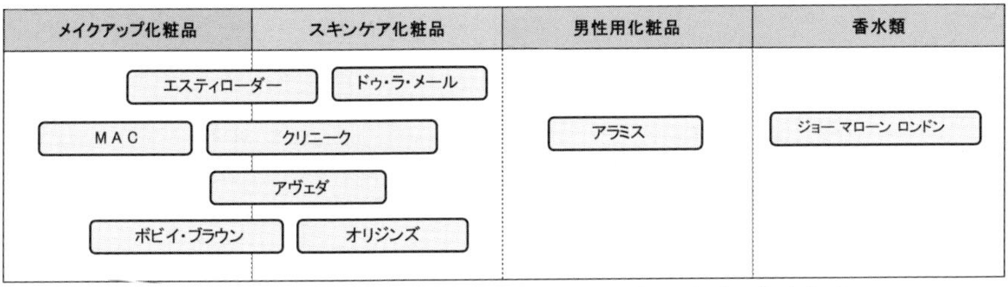

メイクアップ化粧品	スキンケア化粧品	男性用化粧品	香水類

エスティローダー
ドゥ・ラ・メール
MAC
クリニーク
アヴェダ
ボビイ・ブラウン
オリジンズ
アラミス
ジョー マローン ロンドン

出所：エスティローダーのホームページ（各ブランドサイト）を参考に筆者作成。

図6－8　エスティローダーのブランド・ポートフォリオ（主要ブランド）

「クリニーク」などが、百貨店のカウンターにおいてカウンセリング販売が行われている。そのなかでも1968年に創設された「クリニーク」は、白衣を着たビューティ・コンサルタント（美容部員）が販売に携わり、アレルギー体質でも使用できる無香料の化粧品を販売するという特徴的なブランドイメージを有している。日本にも早い時期から進出しており、「白色」のブランドイメージで消費者に浸透しているメガブランドである。

エスティローダーは、新規のブランドを積極的に投入してきたが、一方では収益性の悪化したブランドは撤退や売却をしている。過去には「プリスクリプティブ」を日本から撤退させ、「スティラ」ブランドは売却されている。これらの動きは、「組み合わせ型ブランド」および「個別ブランド」によるブランド・ポートフォリオ戦略の典型ともいえる。主力の「クリニーク」は収益の柱となっているが、一時期は売上が落ち込みブランドの再生に取り組んでいる。美容部員による販売方法の見直しなど、同社の主力ブランドである「エスティローダー」や「クリニーク」へのテコ入れは継続的に行ってきた。戦略的には、マスマーケットのブランドに弱く、百貨店チャネルを中心としたプレステージブランドへの傾注が見られるが、全体的なブランド力の高さはM&Aのみに依存しない自社によるブランド創出が功を奏している。ロレアルのマスマーケット戦略や、既存ブランドの買収によるブランド拡大の動きとは異なり、プレステージ領域にブランドを集中した戦略に注目できる。

図6－8は、エスティローダーの主要ブランドのポートフォリオを図示している。基本的に個別ブランドによる戦略であり、ロレアルのようなM&Aによるブランド獲得ではなく、自社発祥のブランドが大部分である。百貨店チャネルを

中心としたプレステージ領域でのブランド展開が主であり、それぞれがグローバル市場で高い評価を得ているブランド群といえる。創業者の名前であるとともに、創業時からのコーポレートブランドである「エスティローダー」を主力ブランドとしており、コーポレートブランドを併存させながら個別の各製品ブランドを展開させている。各ブランドは、コーポレートブランドである「エスティローダー」とは関連性が少なく、それぞれのブランド・アイデンティティやイメージは異なっている。各ブランドは自社内での創出ではあるが、コーポレートブランドとの距離があることから、親ブランドの概念とは関係なく擦り合わせは不要であったことが推察される。また、各ブランドは独立性が高く、無香料とクリニックをイメージした「クリニーク」や高級スキンケア・クリームの「ドゥ・ラ・メール」、男性化粧品の「アラミス」など特殊性が高いものである。各ブランドはその創出時点から独立性が高く、「Estée Lauder（エスティローダー）」というコーポレートブランドとの調整を要さないブランド展開である。新規ブランドの創出にあたっては、高いレベルでのブランディングへの経営資源の投下が行われてきており、各ブランドにはコーポレートブランドとは異なるアイデンティティが構築されている。これらのことから、エスティローダーのブランド展開は「組み合わせ型」であるといえ、ブランド・ポートフォリオ上の各ブランドにおける相関関係は希薄といえる。日韓の化粧品メーカーとの比較では、マス・ミドルマーケットでの違いはあるが、韓国のアモーレパシフィックのブランド展開との類似点が多く、ブランド・ポートフォリオにおける特殊性と機能性への傾注、組み合わせ型のモデルとして説明が可能である。

以上の欧米二社のブランド展開の検証から、前章までに論じた日本と韓国の化粧品メーカーにおけるブランド・ポートフォリオ戦略による検証、製品アーキテクチャの概念による比較を行うことができた。その結果として、ロレアルは各ブランドの規模が大きいことや買収によって得たブランドであることから、そのブランド・ポートフォリオについては独自の構成であり、日韓の化粧品メーカーとは単純に比較ができないものであった。エスティローダーは、プレステージ領域でのブランド展開が中心ではあるが、そのブランド・ポートフォリオにおいては特殊性や機能性による差別化が見られ、韓国のアモーレパシフィックに近いポートフォリオ構成といえる。また、製品アーキテクチャの概念による検証においては、ロレアルとエスティローダーの双方ともに、コーポレートブランドとの関係は希薄であり、各ブランド間での干渉や擦り合わせによる調整は不要な「組み合わせ型」のブランド展開であった。これらの検証によって、ブランド・ポートフォリオのポジショニングの比較と、製品アーキテクチャの概念による「擦り合わせ型」と「組み合わせ型」のブランド展開の分類を、日韓の化粧品業界以外で適用することができたものである。これらの概念を汎用的に適用し、ブランドの枠組みとして利用可能であることが立証できたものといえ、製品アーキテクチャの概念から論じた本研究は新たな成果といえよう。

3．ローカル・ブランド戦略と擦り合わせ型ブランド

（1）資生堂のブランド構築

図6－9は、化粧品ブランドにおけるコーポレートブランドからのブランド創出過程のイメージを示している。第4章において図示したブランド創出のプロセスについて、再提示したものである。図ではコーポレートブランドを軸として、コーポレートブランドからの派生ブランドとして、また、傘下ブランドとして新たなブランドを立ち上げていく際のブランド創出のプロセスを示している。資生堂を例にすると、「資生堂」ブランドや企業名の表示を行う際に、既存の資生堂傘下のブランドとの競合や重複が問題となる。差別化を行うポイントは複数あり、価格帯でのマーケットの選択、顧客ニーズとしてのカテゴリーの選択などの段階でターゲットを絞ることとなる。さらに、複雑な流通チャネルを考慮して、チャネルを限定してブランドを立ち上げることも考えられる。もちろん、図にあるようなプロセスのみでなく、顧客ニーズの複合や年齢層、ブランド名においては国や地域の考慮なども検討されるであろう。このプロセスにおいて擦り合わせの微調整が繰り返されることとなり、同じ資生堂傘下のブランドであっても、そのブランドの特性や外見が異なることによって、差別化ポイントが生じることとなる。この調整過程が、コーポレートブランドを軸としたブランド構成では重要な擦り合わせのプロセスといえるものである。

次の図6－10は、資生堂の中国市場におけるローカル・ブランドの構築について、「擦り合わせ型ブランド」として実際のブランドを当てはめたものである。資生堂のコーポレートブランドの下で、マーケットやチャネルを決めてブランド構築をしたと仮定した場合、資生堂の中国での現地ブランドは図示した位置づけ

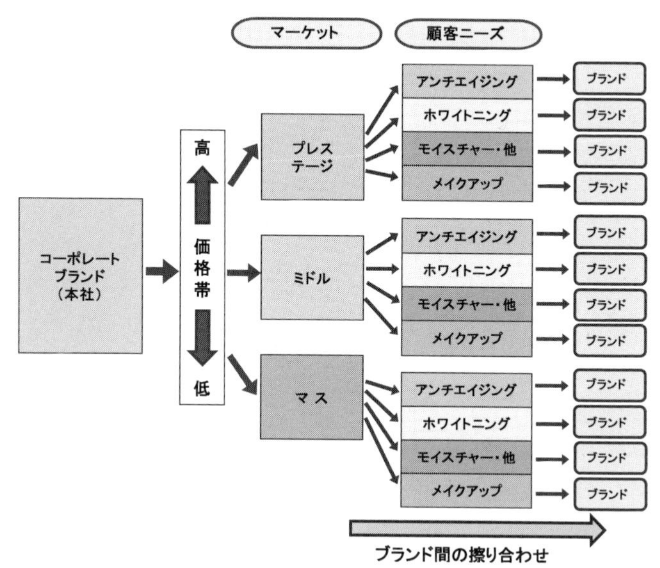

出所：筆者作成による。

図6-9　擦り合わせ型化粧品ブランド創出のイメージ図

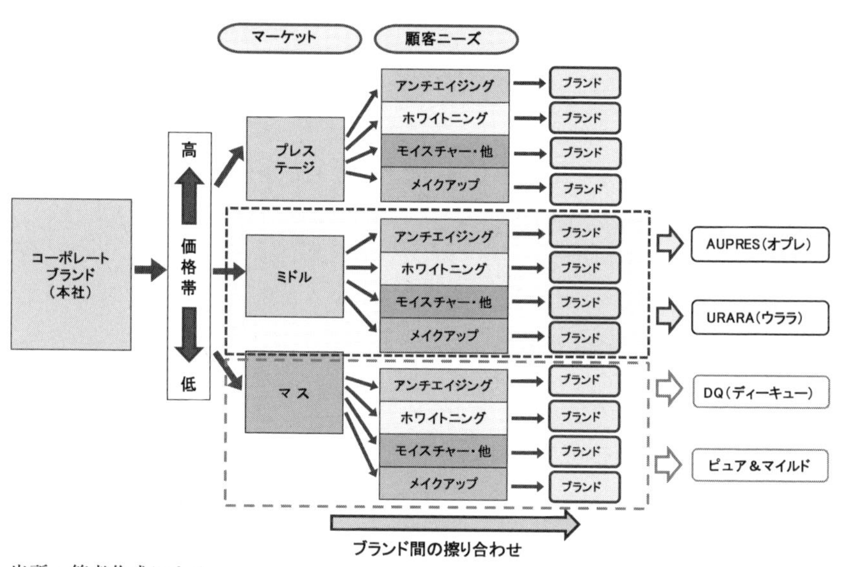

出所：筆者作成による。

図6-10　資生堂のローカル・ブランド（中国）の創出イメージ

が考えられる。中国専用ブランドにおいても、スキンケアやメイクアップ、フレグランス製品といったカテゴリーをまたいだ多品種の展開がなされており、各カテゴリーにおける展開では、ブランド間での一定のルールが必要と考えられる。このルールづけが擦り合わせの過程であり、複雑なブランド間の干渉が存在することになる。中国のミドルアッパー市場で展開する「AUPRES（オプレ）」や「URARA（ウララ）」、薬局を主なチャネルとするミドル・マス市場向けの「DQ（ディーキュー）」、マス市場向けの低価格帯ブランド「PURE & MILD（ピュア&マイルド）」の位置づけを図示している。いずれも中国専用のローカル・ブランドではあるが、資生堂の現地法人で展開するブランドであることから、そのブランドの構築においては「資生堂（SHISEIDO）」のブランドイメージとの調整と擦り合わせによって、重複の回避や差別化が行われているものと推察できる。四つの現地専用ブランドは価格帯やチャネルを分けながらも、日本国内からの資生堂のグローバル・ブランドとも競合することになり、さらに複雑な調整を要することが考えられる。中国市場においてローカル・ブランドとグローバルなコーポレートブランドによる戦略が併存する資生堂では、複雑なブランド間の調整を経ないブランド展開は想定できないものといえるであろう。

（2）グローバル・ブランドのローカライズ

アモーレパシフィックは、韓国内の既存ブランドを海外市場にまで拡張しており、ローカル・ブランドを構築する代わりに、国別や地域別のローカライズが必要であるといえる。言語が異なることでも、ブランドのネーミングの変更などが必要となる。アモーレパシフィックの各ブランドは個別ブランドによるグローバル・ブランド戦略ではあるが、ローカライズによる既存ブランドからの調整については、広義の意味で擦り合わせの過程が生じるものといえる。ここでは、ブランドの「擦り合わせ」の概念をブランドのローカライズという観点から考察する。

アジア地域への化粧品の進出においては、地域によって美白製品の選好度合は異なり、日本や韓国などの東アジア地域での美白化粧品と比較し、インドでは現地の需要に合わせてさらに明るめの美白化粧品やメイクアップ化粧品に設定するなど、ローカライズされた製品展開がなされている。東南アジアにおいては、華僑系顧客が白い肌のための美白化粧品や機能性化粧品等を重視する傾向にあり、華僑系顧客はプレミアムチャネルを好むが、ローカル顧客層は多様なチャネルを利用する。これらの地域別の商品差別化とマーケットチャネルの多様化に対応する「ローカライズ」の戦略が必要となりつつある。化粧品メーカーのアジア市場や他地域への進出に際しては、地域性や文化的な背景、民族性といった商品差別化がさらに必要となる。近年の化粧品メーカーの東南アジア新興国市場への進出には注目でき、華僑を主な顧客とする市場への対応と、ローカル顧客を主な対象とするブランドショップなどのマス市場での対応の成功が、今後の化粧品メーカーのグローバル事業の拡大につながっていくものといえる。

アモーレパシフィックをはじめとする韓国の化粧品業界は、中国などのアジア市場ではいわゆる「韓流ブーム」の恩恵を受け、広告や使用する原料、包装によって韓国製品であることを強調している。実際に、近年のアジア市場での躍進は「K-POP」や「韓国ドラマ」による韓国の文化的な進出の後押しと、そのタレントの活用などによるプロモーションの効果を指摘できる。しかしながら、アモーレパシフィックのアメリカにおける展開では、より一般的なアジアのバックグラウンドに重点をおき、主な原材料の一つに緑茶成分を加えたり、ニューヨークで運営するスパ（エステ施設）では日本や中国的要素を融合させたりしている(5)。これらのことから、韓国ブランドとしての一貫したプロモーション戦略に見える韓国化粧品業界においても、地域による強みを活かすことや、弱みを補完するローカライズが行われていることがわかる。第4章で定義した「擦り合わせ型」については、全体のブランド・システムとして捉えた概念である。しかしながら、個別ブランドから派生していくローカライズの調整過程においても、既存ブランドとの調整という面では広義の「擦り合わせ」が各国市場別に行われているといえよう。

（3）リージョナル・ブランド戦略

資生堂がアジア地域で展開する「Za（ジーエー）」は、アジア地域で展開するリージョナル・ブランドである。「Za（ジーエー）」は1997年に立ち上げられ、メガブランドとしてアジアを中心に八つの国と地域で展開してきた。現在は、中国、台湾、香港、シンガポール、マレーシア、ベトナム、インドなど13の国と地域に販売網を持ち、アジアを中心としたリージョナル・ブランドと位置づけることができる。ベトナムと台湾の工場で生産されており、一時期は日本でも輸入販売(6)がされていた。日本国内ブランドの海外市場への拡張ではなく、海外生産で当初よりアジア市場を見据えた展開としており、他のグローバル・ブランドや中国専用ブランドとは位置づけが異なっている。

また、P&Gで販売する「SK-Ⅱ[7]」(当初はマックスファクター社のブランド）は、日本で生まれてアジア地域を中心に展開するプレステージブランドである。「SK-Ⅱ」の原料に含まれる「ピテラ」は1970年代に日本で発見されており、現在でも日本の滋賀工場で生産され、アジアを中心とする世界13か国で販売されている。P&Gの米国本社から離れた日本での開発と生産、そしてアジアを中心に展開されるという位置づけから、「SK-Ⅱ」もリージョナル・ブランドの範疇として説明できるであろう。

図6-11はP&Gのブランド戦略を地域別に示したものである。アメリカ市場および日本市場、中国市場での化粧品のプレステージブランドは「SK-Ⅱ」を共通ブランドとして展開している。前述したように、「SK-Ⅱ」は特に日本、中国、韓国、台湾をはじめとするアジア地域に特化した高級スキンケア・ブランドである。アメリカおよび中国市場の主力ブランドとして「Olay（オレイ)」がある。「オレイ」ブランドは1985年にP&Gが買収[8]したことに始まり、P&Gによって技術面での革新を行い、当時に急成長しつつあったスキンケア市場での主力ブランドとして変革されていった。中国市場への参入はヘアケア製品から始まったが、スキンケア化粧品のカテゴリーにおいて「Oil of Olay（オイル・オブ・オレイ)」を投入した。その後「オレイ」ブランドは中国市場でシェアを拡大し、近年では中国でのトップブランドまで成長させており、P&Gのメガブランドとなっている。日本における化粧品ブランド「イリューム」は、アメリカや中国では販売されず、逆に「オレイ」は日本国内では販売されていない。このことから、数少ないP&Gの化粧品ブランドのなかにおいて、リージョナル・ブランドやローカル・ブランド戦略が重視されているといえる。

P&G全社のブランド・システムは複雑であり、グローバルに大規模なブランドが展開されている。過去に買収によって得たブランドを再生し、重複するブランドを整理しながら、地域別、国別でのブランド・ポートフォリオを構築している。P&Gは個別ブランドによる戦略の典型であるが、その戦略における地域別対応という観点からP&Gの部門別や国・地域別におけるブランドの調整、すなわち、広義の意味での「擦り合わせ」が行われているともいえよう。

リージョナル・ブランドは、世界標準化されたグローバル・ブランドと、一つ

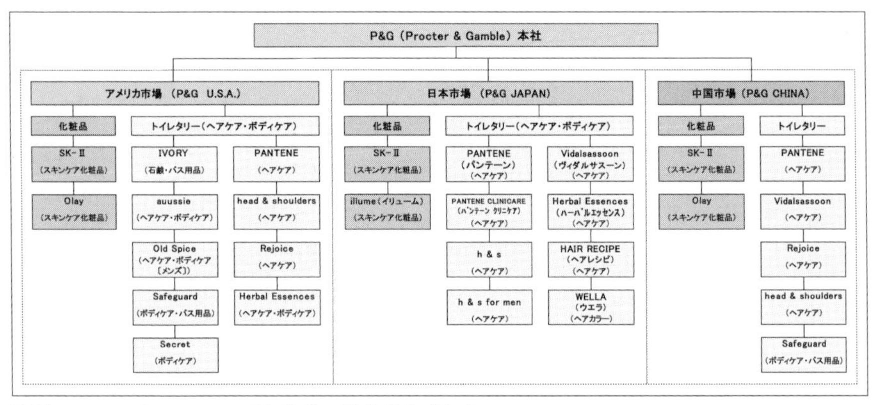

出所：P&Gのホームページを参考に筆者が作成した。

図6-11　P&Gのブランド戦略（化粧品・ヘアケア・ボディケア製品のブランド）

の国の地域を越えないローカル・ブランドによる現地適合化の中間的存在であり、その効果について明確にすることは難しい。グローバル・ブランドとして成長させる段階や、地域的なブランド重複の理由から、既存ブランドとの調整を行いつつ展開する「擦り合わせ」の過程とも捉えることが可能である。位置づけとしては、グローバル・ブランドにおいて販売される国が限定されたものであろうが、資生堂の「Za」とP&Gの「SK-Ⅱ」では価格帯やグレードに大きな違いがあるため、これだけで明確な定義づけを行うことはできない。グローバル・ブランドの発展段階として、発売からの試験的な期間において、結果的に国や地域が限定されることでリージョナル・ブランドに定義されるという理解でも妥当と考える。したがって、同一企業のグローバル・ブランドとの競合においては、地域を限定することでのメリットを明確にすることはできず、ブランドの発展途上段階であると位置づけた方がより現実的であろう。

〈注〉

（1）日本の化粧品業界では、カネボウのロドデノールを使用した化粧品で、肌がまだらに白くなる白斑症状の訴えがあり、2013年7月に大規模自主回収を行った事例がある。

（2）日本人のメイクアップアーティストである植村秀によって創業したブランドであり、1967年に創業したシュウウエムラ化粧品が、2004年にロレアル傘下となった。

（3）Jones（2010）邦訳書 pp. 336-337。

（4）Jones（2010）邦訳書 p. 347によれば、2008年時点で売上の約4分の3は日本以外の海外市場で販売されている。

（5）Jones（2010）邦訳書 p. 346。

（6）2012年から資生堂の100％子会社である（株）エトバスで輸入し、販売は（株）エテュセで行い、日本国内のバラエティショップ300店舗で販売されていたが、2015年3月で日本での販売は中止されている。

（7）1991年にマックスファクター社をレブロンから買収し、「SK-Ⅱ」ブランドをP&Gの傘下とした。しかしながら、2015年7月、P&Gがマックスファクター・ブランドを他の43ブランドと一緒にコティ社へ売却し、「SK-Ⅱ」や「オレイ」ブランドがP&Gの主力化粧品ブランドとして残っている。

（8）1985年にリチャードソン・ヴィックスを買収したことによってブランドを得た。当時の「オイル・オブ・オレイ」は中高年女性を中心にして、ニッチな市場で地位を確立していた。

終　章

本書での日本と韓国における化粧品業界全体の考察、ブランド・ポートフォリオ戦略の競争戦略的視点からの考察、製品アーキテクチャ論から見たブランド戦略、グローバル・ブランドとローカル・ブランド戦略の考察の結果を通して、新たな事実発見を提示して結論とする。

1．結論として

本書では、日本と韓国における化粧品業界のブランド戦略に焦点を当て、その戦略を多面的に考察してきた。成熟化しつつある日本の化粧品業界と近年に成長が著しい韓国の化粧品業界の状況を、ブランド展開と戦略の方向性を比較していくことで、新たなブランド戦略の枠組みと概念を導き出すことができた。本書では、主に日本の資生堂と韓国のアモーレパシフィックのブランド戦略をいくつかの視点から比較しており、両社を取り巻く国の産業構造や市場の状況、歴史的背景は異なるものの、その戦略の傾向には明らかな差異性がみられた。本研究の課題である「韓国の化粧品業界の成長要因はブランド戦略に依拠するのか」「日韓二社のブランド戦略の違いとアモーレパシフィックの成功要因は何なのか」という研究的疑問は、以下の各章の考察によって明らかにされたといえよう。

第2章においては、日本と韓国における化粧品の文化的、社会的背景を提示したうえで、日韓の化粧品市場や企業の特色と成り立ちを示し、比較の背景となる日韓化粧品業界の基本的な情報と両社の状況を示した。日本の化粧品市場は1980年代から90年代の市場構造の変化を経て停滞期を迎えたが、韓国市場では2000年代にBBクリームの多機能製品や、自然界の特殊原料の使用などの特殊な製品開発が進み、化粧品の新たな訴求が拡大した。この動きは「韓流文化」のアジア地域での浸透とともに、韓国化粧品の国内外での購入動機と認知を高めることとなっていった。また、日本と韓国の化粧文化や社会的背景には、日本における「身だしなみ」としての化粧の考え方と、韓国における「形の美＝内面美」という価値観の違いがあり、韓国の化粧品の訴求点は、より効果の高い機能性と他者と差別化する特殊性を重んじる考えが根底にあった。これは、従来の儒教文化に基づく韓国人の基本的思考から変化が生じたものであり、外見上美しくあることが内面の美にもつながる「善」であるとして、美のためにはあらゆる手段を講じるという意識が芽生えたものである。「美容大国」と称されるまでになった韓国においては、新規性や独自性が美への新たな可能性として重視され、他者と差別化する新たな製品開発が競われる状況になったものといえる。昨今の韓国の消費者の志向は製品の特性に表れ、韓国の化粧品ブランドの傾向や化粧品会社の戦略にも影響を与えているものである。これらの価値観の違いが文化的・社会的背景の違いとなって、韓国の化粧品業界の成長を促進する一つの原動力となったものといえよう。

第３章で考察したブランド・ポートフォリオ戦略のポジショニングについては、競争戦略的視点から全社的戦略と個別的戦略の適合性を考察し、さらに三次元の図を用いて比較することで、ブランドの訴求する方向性と領域を確認することができた。既存概念のブランド・ポートフォリオ戦略では、相乗効果やリスク回避、重複の非効率性などの議論が中心であったが、全社ブランド（コーポレートブランド）と個別ブランド戦略に着目して、「特殊性（特異性）」と「機能性」を定義とすることで新たに類型化している。

アモーレパシフィックのブランドは、韓方や自然派といったカテゴリーにおいて、高麗人参や緑茶成分などの特殊原料を多用することで、価格プレミアムと同時に製品の特殊性による差別化を行っていた。特殊原料等の希少性を前面に出すことによってブランドに差別的価値を与え、特殊性での差別化戦略に集中した傾向にあった。したがって、アモーレパシフィックは、特殊性を重視した差別化と、機能性での訴求力を高めた戦略に注力されており、特殊性と機能性による差別化の大きいブランド・ポートフォリオの範囲といえる。

一方の資生堂では、特殊な原料使用などをコンセプトとしたブランドではないことから、特殊性の定義づけとしては弱く、極端な機能性の主張をしていないことにより、コーポレートブランドの範囲のなかでの差別化として、基本的な機能性に重点が置かれている。機能性の信頼度や従来からの皮膚科学分野での研究実績が中心であるが、コーポレートブランドのイメージ戦略により高価格帯での評価を得ている。資生堂は、特殊性による差別化ではなく、そのブランド・ポートフォリオの領域は、機能性と価格帯の二方向に大きく、長年の技術力と信頼性を主張した機能性と、プレミアム価値を追求する価格帯での戦略が重視されている。

これらのことから、ブランド・ポートフォリオ上で展開するブランドの領域という新たな着眼点から検証を行った。その結果、コーポレートブランドを軸とする資生堂の戦略は、全社ブランドの評価の下で機能性を重視した差別化戦略がとられ、それによるプレミアム価値を追求した展開であるとの結果を導いた。他方で、アモーレパシフィックで見られる個別ブランド戦略は、特殊性による差別化を重視することで、ブランド・ポートフォリオ上の重複を回避する展開であるとの結論を導いた。また、アモーレパシフィックのブランド・ポートフォリオは全体のシナジー効果を期待できる構成といえ、このポートフォリオの最適化が、近年のアモーレパシフィックの成長を導いた一つの要因ともいえる。

第4章における考察では、製品アーキテクチャの理論を化粧品ブランドに適用するという新たな試みにより、本書では、「擦り合わせ型ブランド」と「組み合わせ型ブランド」という新たな概念を提示した。企業内で化粧品ブランドが創出されていく過程と生産面に着目しており、ブランド戦略に広義の「ものづくり」の概念を援用し、「擦り合わせ」と「組み合わせ」の枠組みを示すことによって、新たなブランド戦略の定義づけを行っている。製品アーキテクチャの概念は、工業製品における「ものづくり」のみでなく、その理論は既存研究で無形のサービスにおいても適用されており、本研究はさらに適用の範囲を拡張させたものである。無形資産のブランドを単なる製品の識別手段としてではなく、全社のブランド・システムとして捉えることによって、ブランドそのものが機械システムを動かす部品として位置づけたものである。すなわち、ブランド・システムの完成は企業のブランド・ポートフォリオの完成形であり最も効果的となることである。そのブランド・システムを動かすためには「擦り合わせ」によるのか、「組み合わせ」でブランドを独立してポジショニングすれば済むのか、という新たな視点からブランドを見たものであり、既存研究では検討されていない枠組みである。

製品アーキテクチャの概念から分類した結果、日本の資生堂やカネボウは、コーポレートブランドを軸として、各ブランドが調整を繰り返しながら「全社のブランド・システム」を完成させていく「擦り合わせ型」のブランド展開であると定義づけた。一方で、韓国のアモーレパシフィックやLG生活健康は、個別の製品ブランドが独立して機能しており、企業名やコーポレートブランドのイメージ連想に拘束されない「組み合わせ型」のブランド展開であると定義した。擦り合わせ型ブランドでは、コーポレートブランドを軸にブランド全体がシステムとして機能し、各ブランドは統合や分割といった再構築に対応できる可能性が高い。一方の組み合わせ型ブランドにおいては、各ブランドとコーポレートブランドの関係は希薄であり、各ブランドを分社化して効率化することや、生産コストを抑える目的での OEM 委託などの水平分業も容易であることがわかった。これは、日韓の代表的な化粧品メーカーにおいて顕著な差として表われており、コーポレートブランドによる戦略と個別ブランドによる戦略の違いを、さらに別の視点からの差異性として論じることができた。韓国の化粧品ブランドのモジュール化による効率的運営と OEM 製造を利用した急速な生産拡大への対応が、韓国の化粧品業界とアモーレパシフィックの近年の成長を支える一つの要因につながったものと論じることができる。リサーチクエスチョンである「韓国の化粧品業界の成長とアモーレパシフィックの成功要因」は、これらの考察から導いた結論によって示すことができるものといえる。

既存研究での各議論では、コーポレートブランドと個別ブランドによる戦略の体系と、そのブランド・ポートフォリオを静的な一時点で評価し、メリットとデメリットを論じるに留まっていた。ブランド創出の過程における動的な側面から評価したことは、新たなブランド戦略の評価と定義づけとして意味をなすものである。本研究において、製品アーキテクチャ論を切り口として「擦り合わせ型」と「組み合わせ型」という枠組みによって考察したことは、新たなブランド戦略の着眼点となるものであり、新たな枠組みとして今後のブランド戦略の研究に貢献するものといえよう。

第５章の考察では、中国市場を事例として化粧品ブランドの海外戦略について比較を行い、その戦略の特徴と効果を考察した。既存研究では、製品や企業としての海外進出の議論が中心であったが、本研究は海外進出をブランドから捉えたものとして、新たな取組みである。企業名やコーポレートブランドの認知度が高い状況では、親ブランドによる保証が認識されることで、新規市場におけるローカル・ブランドによる現地化は容易であるといえ、適合性を見ることができた。また、コーポレートブランドを背景としたブランド・ポートフォリオがすでに構築されていることから、複数の自社ブランドを同時に新規市場に投入することが可能といえる。一方の個別ブランド戦略においては、ローカル・ブランドを新規市場で展開するには一からのブランド構築が必要となり、マーケティングのコスト面で不利となるため、その適合性は低いものといえる。しかしながら、グローバル・ブランドによる世界標準化においては、既存ブランドを他市場へ拡張させることで、マーケティングコストも軽減されることから、適合性を見ることができた。また、コーポレートブランドのイメージなどに拘束されないブランド展開であることから、現地企業のブランドを買収して傘下とすることも容易であることがわかった。

これらの考察から、コーポレートブランドを軸とする資生堂においては、親ブランドの保証または企業背景を明確にすることで、ローカル・ブランドによる現地化戦略が容易であるとの結論を導いている。一方で、個別の製品ブランドを中心としたアモーレパシフィックの戦略では、親ブランドの信頼や過去の評価に依存したマーケティングは期待できず、ローカル・ブランドの構築は容易ではない。すなわち、個別ブランドを軸とした戦略では、ローカル・ブランドによる現地適合化ではなく、世界標準によるグローバル・ブランドへの適合性が高いとの結論を導いた。したがって、コーポレートブランド戦略を軸とする企業では、ローカル・ブランドによる現地化に適合性を有し、個別ブランド戦略を軸とする企業では、ローカル・ブランドによる戦略での適合性は低いという結論に至った。さらに、両戦略ともにグローバル・ブランドよる標準化に適合性を有しており、これらの結果は、本研究における新たな事実発見であるといえる。

既存研究では、製品や企業としての海外進出の議論が中心であり、本研究は海外進出をブランドから捉えた研究として意義をなすものと考える。本研究は、日韓の化粧品メーカーを例として、中国市場でのブランド戦略を考察した一つの事例であるが、新規市場におけるブランド戦略の選択の可能性として、また、コーポレートブランドと個別ブランドによる戦略の効果として、今後のブランド戦略の研究に貢献するものと考える。

第6章では、第3章から第5章における各考察を、複合的に捉えることで再考察を行った。製品アーキテクチャ論による「擦り合わせ型」と「組み合わせ型」の二つのブランド戦略について、ブランド・ポートフォリオ戦略で論じた考察によってコーポレートブランドと個別ブランドによる戦略を再検証している。二つの切り口から見直すことで、コーポレートブランドと個別ブランドによる特徴がさらに明らかとなった。ブランド・ポートフォリオを全社のブランド・システムの完成形として見ることで、各々のブランドがどのように部品として機能するのか、その部品としての各製品ブランドの独立性と接合点の連結について再確認した。グローバル・ブランドとローカル・ブランドによる両戦略については、擦り合わせ型と組み合わせ型の概念から改めて考察した。グローバル・ブランド戦略における組み合わせ型ブランドの概念からの援用、ローカル・ブランドにおける擦り合わせ型ブランドの概念からの援用を行い、欧米の代表的な化粧品メーカーのブランド戦略を考察に加えて広範囲に検証した。欧米のロレアルやエスティローダーにおいては、個別ブランドによる戦略がとられており、そのブランド展開が組み合わせ型ブランドであることを検証することで、理論の適用を拡張し汎用性を持たせることができた。また、グローバル・ブランドのローカライズやリージョナル・ブランドという観点から検討することで、ブランドの擦り合わせの概念を広義に論じた。これらの複合的かつ多面的な考察によって、本研究における各理論と事実発見をさらに汎用性のある概念に結びつけている。

各章における考察によって、韓国の化粧品市場とアモーレパシフィックが急成長した要因と、そのブランド戦略の特徴というリサーチクエスチョンを明らかにしてきた。その結果として、韓国の化粧品業界のブランド戦略に「特殊性」という一つのキーワードを得た。「特殊性」は大きな差別化要因となり、それは個別ブランド戦略において効果的に作用していることがわかった。その特殊性によってブランド・ポートフォリオの重複を回避し、カニバリゼーションを避けるばかりではなく、効率的なポジショニングによってブランド・ポートフォリオはシナジー効果を生むことができる構成となる。さらには、製品アーキテクチャの概念としての「組み合わせ型」のブランド展開によって、ブランド別の分社化による効率化や OEM 製造委託による生産拡大への対応といった利点を活かしている。これらは、グローバルな展開においても効果を表し、資生堂のコストと時間をかけた現地化に対して、既存の国内ブランドを中国などの海外に拡張することに成功している。日韓両社のブランド戦略の違いとアモーレパシフィックの成功要因、そして韓国の化粧品業界の成長要因は、韓国の経済状況や社会環境の変化だけでなく、ブランド戦略によるところも大きいものと論じることができる。本研究の背景としたリサーチクエスチョンは、アモーレパシフィックを代表とする韓国の化粧品メーカーのブランド戦略を考察し、韓国企業の戦略の共通点と日本企業との違いを各考察の視点から示すことによって、段階的に明らかにすることができたものといえる。これらの考察の過程においては、ブランド戦略の考え方に新たな概念や枠組みをとり入れることで多面的に日韓二社のブランド戦略を分類し、その戦略の差異性をさらに明確にできたものである。

化粧品ブランドの評価については、一般の工業製品と比較するとその数値的評価が難しいものであり、ブランドイメージや個人の感性に左右される傾向が強い。化粧品は他の製品と比較しても、ブランド・アイデンティティやイメージの構築がより重視される製品であり、その評価を数値化することや可視化することは困難である。消費者の製品への評価が分かれるのも化粧品であり、ブランド評価の重要性が高い業種といえる。本書における各考察は、ブランド戦略の違いのみではなく、その展開や訴求における新たな類型化を図るという点で新規性の高い取組みといえよう。

2．今後の研究の課題と展望

本書は、先行研究で検討されなかった新たな概念において、ブランド戦略を考察したものであり、今後のブランド戦略の研究に貢献するものと考える。特に「擦り合わせ型」と「組み合わせ型」のブランド展開の新たな概念や、三次元図におけるブランド特性の領域比較の考え方については、ブランドを考察するうえでの新たな枠組みであり、今後のブランド戦略の研究に貢献するものといえる。特に、製品アーキテクチャの概念を用いたブランドの分析は、「ものづくり」の概念を広義に捉えた新規性の高い理論構築であるゆえに、さらに他業態の事例検証を加えることで実証性を高めることが可能であろう。

しかしながら、本書で考察した化粧品業界のブランド戦略は、様々な国や業界のブランド戦略の一例に過ぎず、今後の研究の課題として、さらに研究の対象先を広げていくことが必要である。先行研究のレビューにおいても、最新のアジア諸国における研究論文や欧米の研究についてさらに幅広く調査を進め、常に最新のブランド戦略の理論について議論をしていく必要がある。本書ではアメリカや日本、韓国における最近までの研究を中心にレビューしているが、全ての地域や言語を網羅できているわけではないため、今後の課題としては調査の範囲と期間を広げていくことである。また、化粧品ブランドの有する特殊性や機能性といった差別化の尺度を数値化することは困難であり、顧客層においても感覚的な主観が購入動機となっていることから、評価を数値化するためには相当数の母集団を対象とした多面的な調査を必要とする。多くのメーカーと多数のブランドが存在し、その顧客層の母数が膨大である化粧品のブランド評価における調査の限界部分でもあるが、本研究ではそれらの客観的数値データは入手できておらず定量分析が課題となる。本書では、各社の公式な開示情報やプロモーション、店頭における観察調査およびヒアリング調査をもとにした事例分析を中心としている。事例研究結果をより一般化するためには、大量のサンプルを用いた統計分析を行うことでの実証が求められるであろう。

今後、入手可能なサンプリング調査や、顧客層と対象セグメントを絞ったアンケート調査による定量分析を加えることで、本研究での事例分析を実証していくとともに、化粧品ブランドの評価における各基準を設定していくことが必要である。そのためには、さらに明確な評価基準と差別化の基準点の設定が求められるものである。本書では資生堂とアモーレパシフィックの二社による比較を中心としたが、今後は他の化粧品メーカーや地域に範囲を広げ、日本と韓国以外の欧米の有力ブランドを研究対象に加えることが必要といえるであろう。今後、広範囲な化粧品各社のブランド戦略についての調査・分析を行うとともに、さらに他業種のブランド戦略との比較を行いつつ、定量面の分析を加えた研究を進めていきたい。

【参考文献】

＜日本語＞

青島矢一・武石彰（2001）「アーキテクチャという考え方」『ビジネス・アーキテクチャー製品・組織・プロセスの戦略的設計―』藤本隆宏・武石彰・青島矢一編 pp. 27-70、有斐閣。

赤松裕二（2015）「日韓化粧品業界のブランド戦略―製品アーキテクチャ論と競争戦略的視点からの考察―」『日本マーケティング学会 2015 カンファレンス・プロシーディングス』vol. 4, pp. 30-31。

赤松裕二（2016a）「化粧品業界のグローバルおよびローカル・ブランド戦略の考察―資生堂とアモーレパシフィックの中国市場での展開を中心に―」『関西ベンチャー学会誌』Vol. 8, pp. 62-72。

赤松裕二（2016b）「日韓化粧品業界のブランド戦略―擦り合わせ型と組み合わせ型によるブランド展開の考察―」『ビューティビジネスレビュー』Vol. 4, No. 1, pp. 16-28。

赤松裕二（2016c）「日本と韓国における化粧品業界のブランド・ポートフォリオ戦略―資生堂とアモーレパシフィックの戦略を事例として―」『産業学会研究年報』第 31 号、pp. 89-101。

赤松裕二（2017）「日本と韓国における化粧品業界のブランド戦略―資生堂とアモーレパシフィックの戦略を事例として―」大阪市立大学 博士学位論文 pp. 1-163。

安部悦生（2010）「資生堂の中国戦略―中国女性をより美しくする―」『経営論集』第 57 巻 1 号。

石井淳蔵（1999）『ブランド―価値の創造―』岩波書店。

井田泰人（2012）『大手化粧品メーカーの経営史的研究』晃洋書房。

井上真里（2013）「製品ブランド管理の進展がグローバルマーケティング枠組みに与える示唆」『流通研究』Vol. 15, No. 2, pp. 63-76、日本商業学会。

臼杵政治（2001）「金融業のアーキテクチャと競争力―内在するモジュラー化傾向とクローズな取引関係の役割―」『ビジネス・アーキテクチャー製品・組織・プロセスの戦略的設計―第 5 章』藤本隆宏・武石彰・青島矢一編 pp. 121-139、有斐閣。

小川孔輔（2011）『ブランド戦略の実際〈第 2 版〉』日本経済新聞出版社。

香月秀文（2010）『新版 化粧品マーケティング』日本能率協会マネジメントセンター。

川島蓉子（2010）『資生堂ブランド』文藝春秋。

金聡希・大坊郁夫（2011）「大学生における化粧行動と主観的幸福感に関する日韓比較研究」『対人社会心理学研究』大阪大学、11、pp. 89-100。

金春姫・古川一郎（2006）「化粧品―ブランドの時間軸―」『ブランディング・イン・

チャイナー巨大市場・中国を制するブランド戦略―』（一橋ビジネスレビューブック）第3章、pp. 109-140、東洋経済新報社。
厳莉蘭（2006）「資生堂における経営戦略」『現代社会文化研究』（新潟大学）No. 36, pp. 173-187。
厳莉蘭（2007）「化粧品産業の業界構造分析―マイケル・ポーターの五つの競争要因の分析とともに―」『現代社会文化研究』（新潟大学）No. 40, pp. 89-102。
国際商業出版（2010～2016）『国際商業 2010年4月号～2016年9月号』国際商業出版。
櫻木理江（2011）「ブランド・ポートフォリオ戦略と事業成果―資生堂国内化粧品事業の事例分析―」『一橋研究』第35巻4号、pp. 33-51。
佐藤典司（2008）「『デザイン』から見るブランド差別化への取り組み」『COSMETIC STAGE』Vol. 2, No. 6, pp. 35-40。
資生堂（2012）『アニュアルレポート 2012』資生堂。
資生堂（2013）『アニュアルレポート 2013』資生堂。
資生堂（2014）『アニュアルレポート 2014』資生堂。
資生堂（2015）『アニュアルレポート 2015』資生堂。
資生堂（2019）『有価証券報告書 2018年12月期』資生堂。
柴田友厚・児玉充（2009）『マネジメントアーキテクチャ戦略』オーム社。
島田邦男（2013）「中国・韓国の化粧品市場とその特許」『COSMETIC STAGE』Vol. 7, No. 3, pp. 10-19。
謝憲文（2009）『グローバル化が進む中国の流通・マーケティング』創成社。
週刊粧業（2012）「中国で存在感高める韓国系ブランド〔スキンフード〕」『週刊粧業』2012年8月6日号 p. 4。
週刊粧業（2013）「2013年韓国化粧品の最新動向」『週刊粧業』2013年9月23日号。
徐誠敏（2010）『企業ブランド・マネジメント戦略―CEO・企業・製品間のブランド価値創造のリンケージ―』創成社。
新宅純二郎（2007）「アーキテクチャのポジショニング戦略」『ものづくり経営学―製造業を超える生産思想―』第1部、第2章、pp. 35-50、光文社。
陶山計介・梅本春夫（2000）『日本型ブランド優位戦略―「神話」から「アイデンティティ」へ―』ダイヤモンド社。
高尾萌慧子（2015）「日本人女性の中での化粧品の位置づけ―所得弾力性と価格弾力性の数値を用いた分析―」『早稲田社会科学総合研究別冊 2014年度学生論文集』pp. 179-192。
武石彰・高梨千賀子（2001）「海運業のコンテナ化―オープン・モジュラー化のプロセスについて―」『ビジネス・アーキテクチャ―製品・組織・プロセスの戦略的設

計—』藤本隆宏・武石彰・青島矢一編 pp. 140-157、有斐閣。
舘林梓（2010）「化粧文化論—黒・白・赤のコントラスト—」『フェリス女学院大学日文大学院紀要』第 17 号、pp. 11-20。
張智利（2010）『メガブランド—グローバル市場の価値創造戦略—』碩学舎。
戸木純（2008）「化粧品における機能訴求と感性訴求」『COSMETIC STAGE』Vol. 2, No. 6, pp. 17-24。
特許庁（2012）『平成 23 年度特許出願技術動向調査報告書（概要）—機能性皮膚化粧料—』特許庁企画調査課。
中島美佐子（2009）『最新〈業界の常識〉よくわかる化粧品業界』日本実業出版社。
中村淳（2012）「韓国及び中国の最近の化粧品規制変化」『COSMETIC STAGE』Vol. 6, No. 3, pp. 1-18。
新倉貴士（2013）「化粧品と消費者行動：ブランド価値の構築に向けて」『日本香粧品学会誌』Vol. 37, No. 3, pp. 192-196。
日本貿易振興機構（2012）『中国化粧品市場調査報告書』JETRO 日本貿易振興機構。
沼上幹（2008）『わかりやすいマーケティング戦略（新版）』有斐閣アルマ。
延岡健太郎（2006）『MOT［技術経営］入門』日本経済新聞出版社。
朴熙成（2014）「韓国化粧品 OEM/ODM 企業のグローバル化に関する一考察」『グローバルビジネス学会第 2 回全国大会予稿集』pp. 71-81。
朴熙成（2015）「韓国化粧品産業の変遷と化粧品メーカーの持続的競争優位性の源泉に関する予備的な考察—アモーレパシフィックのケースを中心に—」『国際キャリア紀要（福岡女学院大学）』vol. 1, pp. 45-68。
付翠紅・古殿幸雄（2013）「資生堂の中国における競争戦略」『国際研究論叢（大阪国際大学紀要）』26 巻 3 号、pp. 43-63。
藤本隆宏（2001）「アーキテクチャの産業論」『ビジネス・アーキテクチャ—製品・組織・プロセスの戦略的設計—』藤本隆宏・武石彰・青島矢一編 pp. 3-26、有斐閣。
藤本隆宏（2007）「統合型ものづくり戦略論」『ものづくり経営学—製造業を超える生産思想—』第 1 部、第 1 章、pp. 21-34、光文社。
藤本隆宏（2007）「サービス業に応用されるものづくり経営学」『ものづくり経営学—製造業を超える生産思想—』第 3 部、第 1 章、pp. 285-299、光文社。
文宣景（2014）「化粧品産業の現状—日韓化粧品流通経路分析—」『日本生産管理学会第 39 回全国大会予稿集』pp. 315-318。
松浦祥子（2014）『グローバル・ブランディング—ものづくりからブランドづくりへ—』碩学舎。
水尾順一（1998）『化粧品のブランド史—文明開化からグローバルマーケティングへ

ー』中央公論社。
水越千草・境新一（2004）「理想の化粧品に関する実証研究ー資生堂とファンケルの無添加化粧品の事業戦略からー」『東京家政学院大学紀要』第 44 号、pp. 33-51。
みずほ総合研究所（2011）「韓国における新興国市場開拓への取り組みー国家ブランディング戦略が企業の市場開拓を側面から支援ー」『みずほアジア・オセアニアインサイト』2011 年 6 月。
宮本文幸（2013）「中国における化粧品市場の成り立ちと今後の展望」『愛知大学国際問題研究所紀要』第 141 号、pp. 81-97。
簗瀬允紀（2007）『コーポレートブランドと製品ブランドー経営学としてのブランディングー』創成社。
柳澤唯・安永明智・青柳宏・野口京子（2014）「女性における化粧行動の目的と自意識の関連」『文化学園大学紀要、人文・社会科学研究』22、pp. 27-34。
山本学（2010）『進化する資生堂 中国市場とメガブランド戦略』翔泳社。
吉田武史（2011）「韓国の化粧品事情 1 生産・流通販売について」『COSMETIC STAGE』Vol. 5, No. 6, pp. 79-84。
吉田武史（2011）「韓国の化粧品市場 2 流通トレンド・展望・話題の製品について」『COSMETIC STAGE』Vol. 5, No. 8, pp. 80-84。
李賑培（2014）「中国市場におけるアモーレパシフィックのブランド戦略」『創価大学大学院紀要』第 36 集、pp. 59-71。
李賑培（2015）「貿易統計を用いた韓国化粧品産業の競争力分析」『創価大学大学院紀要』第 37 集、pp. 1-11。
李順子・丑山幸夫（2014）「中国における日韓化粧品企業の国際戦略に関する考察ー資生堂と AMOREPACIFIC の比較研究ー」『日本国際情報学会誌』11 巻 1 号、pp. 32-43。
李 玲（2012）「製品ブランドと企業ブランドの関係」『関西学院商学研究』Vol. 65, pp. 1-31。

＜韓国語＞
아모레퍼시픽（2013）『지속가능성보고서 2012』
（アモーレパシフィック『持続可能性報告書 2012』2013 年）.
아모레퍼시픽（2014）『지속가능성보고서 2013』
（アモーレパシフィック『持続可能性報告書 2013』2014 年）.
아모레퍼시픽（2015）『지속가능성보고서 2014』

（アモーレパシフィック『持続可能性報告書 2014』2015 年）.
아모레퍼시픽（2016）『지속가능성보고서 2015』
（アモーレパシフィック『持続可能性報告書 2015』2016 年）.
아모레퍼시픽（2019）『지속가능성보고서 2018』
（アモーレパシフィック『持続可能性報告書 2018』2019 年）.
안혜영（2012）「성장세가 지속되는 국내 화장품시장」『월간하나금융』2012.1（アンヒェヨン「成長性が持続する国内化粧品市場」『月刊ハナ金融』2012 年 1 月号）.
이진일（2012）『화장품』한화증권리서치센터（イジニル『化粧品』ハンファ証券リサーチセンター、2012 年）.
한국보건산업진흥원（2014）『2014 년화장품산업분석보고서』（韓国保健産業振興院『2014 年化粧品産業分析報告書』2014 年）.
김혜미（2013）『화장품점점예뻐지는이유』이트레이드증권（キムヒェミ『化粧品ますます綺麗になる理由』韓国イートレード証券、2013 年）.
조현아（2012）『화장품 섹터리포트』（チョヒョナ『化粧品 セクターレポート』新韓金融投資、2012 年）.
박상연・황어연（2015）『화장품 섹터리포트』신한금융투자（パクサンヨン・ファンオヨン『化粧品 セクターレポート』新韓金融投資、2015 年）.
LG 생활건강（2015）『2014 LG 생활건강 CSR 보고서』（2014 LG 生活健康 CSR 報告書）.

＜欧文＞

Aaker, D. A.（1991）*Managing Brand Equity*, The Free Press（陶山計介他訳『ブランド・エクイティ戦略―競争優位をつくりだす名前、シンボル、スローガン―』ダイヤモンド社、1994 年）.
Aaker, D. A.（1996）*Building Strong Brands*, The Free Press（陶山計介他訳『ブランド優位の戦略―顧客を創造する BI の開発と実践―』ダイヤモンド社、1997 年）.
Aaker, D. A. and Joachimsthaler, E.（2000）*Brand Leadership*, The Free Press（阿久津聡訳『ブランド・リーダーシップ―見えない企業資産の構築―』ダイヤモンド社、2000 年）.
Aaker, D. A.（2004）*Brand Portfolio Strategy*, The Free Press（阿久津聡訳『ブランド・ポートフォリオ戦略』ダイヤモンド社、2005 年）.
Aaker, D. A.（2011）*Brand Relevance Making Competitors irrelevant*, Jossey-Bass（阿久津聡監訳・電通ブランド・クリエーション・センター 訳『カテゴリー・イノベーション―ブランド・レレバンスで戦わずして勝つ―』日本経済新聞出版社、

2011年).

Abell, Derek F.（1980）*Defining the Business : The Starting Point of Strategic Planning*, Prentice-Hall Inc.（石井淳蔵訳『[新訳] 事業の定義』中央経済社、2012年).

Amine, A.（1998）“Consumers'true brand loyalty : the central role of commitment” *Journal of Strategic Marketing*, Vol. 6, Issue4.

Blair, M., Armstrong, R. and Murphy, M.（2003）*The 360 Degree Brand in Asia : Creating More Effective Marketing Communications*, Wiley.

Burchrd, D.（1999）*Der Kampf Um Die Schonheit : Helena Rubinstein, Elizabeth Arden, Estée Lauder*, Sabine Groenewold Verlage KG.（西村正身訳『美を求める闘い―ヘレナ・ルービンシュタイン、エリザベス・アーデン、エスティローダー―』青土社、2003年).

Calkins, T.（2005）“Brand Portfolio Strategy” *Kellogg on Branding : The Marketing Faculty of The Kellogg School of Management*, Wiley（小林保彦・広瀬哲治監訳『ケロッグ経営大学院 ブランド実践講座』ダイヤモンド社、2006年、pp. 107-131).

Chadha, R. and Husband, P.（2006）*The Cult of the Luxury Brand : Inside Asia's Love Affair with Luxury*, Nicholas Brealey International.

Chailan, C.（2010）“From an aggregate to a brand network : a study of the brand portfolio at L'Oréal” *Journal of Marketing Management*, Vol. 26, Nos. 1-2, pp. 74-89.

Dalle, F.（2001）*L'Aventure L'Oréal*, Editions Odile Jacob（藤野邦夫訳『われわれは、いかにして世界一になったか？ロレアル―最も大きく、最も国際的な会社の成功物語―』PHP研究所、2003年).

Dyer, D., Dalzell, F. and Olegario, R.（2003）*Rising Tide : Lessons from 165 Years of Brand Building at Procter & Gamble*, Harvard Business School Press（足立光・前平謙二訳『P&Gウェイ：世界最大の消費財メーカーP&Gのブランディングの軌跡』東洋経済新報社、2013年).

Ertimur, B. and Coskuner-Balli, G.（2015）“Navigating the Institutional Logics of Markets : Implications for Strategic Brand Management” *Journal of Marketing*, Vol. 79, pp. 40-61.

Ghemawat, P. et al.（2006）“AmorePacific : From Local to Global Beauty” *Harvard Business School* 9-706-411.

Ho-Dac, N. N., Carson, S. J. and Moore, W. L.（2013）“The Effects of Positive and Negative Online Customer Reviews : Do Brand Strength and Category Maturity

Matter ?" *Journal of Marketing*, Vol. 77, pp. 37-53.

Jones, G. (2010) *Beauty Imagined : A History of the Global Beauty Industry*, Oxford University Press（江夏健一・山中祥弘監訳『ビューティビジネス―「美」のイメージが市場をつくる―』中央経済社、2011 年）.

Kapferer, J. N. (2002) *Les marques à l'épreuve de la pratique*, Editions d'Organisation（博報堂ブランドコンサルティング監訳『ブランドマーケティングの再創造』東洋経済新報社、2004 年）.

Keller, K. L. (2007) *Strategic Brand Management Third Edition*, Prentice Hall（恩蔵直人監訳『戦略的ブランド・マネジメント第 3 版』東急エージェンシー、2010 年）.

Keller, K. L. (2013) *Strategic Brand Management Fourth Edition*, Pearson Education（恩蔵直人監訳『エッセンシャル 戦略的ブランド・マネジメント第 4 版』東急エージェンシー、2015 年）.

Lei, J., Dawar, N. and Lemmink, J. (2008) "Negative Spillover in Brand Portfolios : Exploring the Antecedents of Asymmetric Effects" *Journal of Marketing*, Vol. 72, pp. 111-123.

Morgan, N. A. and Rego, L. L. (2009) "Brand Portfolio Strategy and Firm Performance" *Journal of Marketing*, Vol. 73, pp. 59-74.

Ofek, E. and Herman, K. (2008) "AmorePacific" *Harvard Business School* 9-507-070.

Porter, M. E. (1980) *Competitive Strategy*, The Free Press（土岐坤・中辻萬治・服部照夫訳『新訂 競争の戦略』ダイヤモンド社、1995 年）.

Porter, M. E. (1985) *Competitive Advantage : Creating and Sustaining Superior Performance*, The Free Press（土岐坤・中辻萬治・小野寺武夫訳『競争優位の戦略―いかに高業績を持続させるか―』ダイヤモンド社、1985 年）.

Ries, A. and Ries, L. (1998) *The 22 Immutable Laws of Branding*, HarperCollins Publishers（片平秀貴監訳『ブランディング 22 の法則』東急エージェンシー出版部、1999 年）.

Roll, M. (2006) *Asian Brand Strategy : How Asia Builds Strong Brands*, Palgrave Macmillan.

Roll, M. (2015) *Asian Brand Strategy (Revised and Updated) : Building and Sustaining Strong Global Brands in Asia*, Palgrave Macmillan.

Sherry, J. F. Jr. (2005) "Brand Meaning" *Kellogg on Branding : The Marketing Faculty of The Kellogg School of Management*, Wiley（小林保彦・広瀬哲治監訳『ケロッグ経営大学院 ブランド実践講座』ダイヤモンド社、2006 年、pp. 48-65）.

Song, J. and Kim, H. (2010) "Amorepacific : Global Roadmap" Tistory, Seoul National

University.

Temporal, P. (2000) *Branding in Asia : The Creation, Development, and Management of Asian Brands for the Global Market*, Wiley.

Temporal, P. (2006) *ASIA'S STAR BRANDS*, John Wiley & Sons (Asia) Pte Ltd.

Uggla, H. (2014) "Energy Versus Relevance in a Comparative Brand Equity Context : Implications for Brand Portfolio Management" *The IUP Journal of Brand Management*, Vol. XI, No. 4.

Uggla, H. (2015) "Aligning Brand Portfolio Strategy with Business Strategy" *The IUP Journal of Brand Management*, Vol. XII, No. 3.

Uggla, H. (2016) "Artist as Brand Portfolio Manager : A Strategic Brand Management Framing of the Artist" *The IUP Journal of Brand Management*, Vol. XIII, No. 2.

Ulrich, K. T. (1995) "The Role of Product Architecture in the Manufacturing Firm" *Research Policy*, 24, pp. 419-440.

Wallina, A. and Spry, A. (2016) "The role of corporate versus product brand dominance in brand portfolio overlap : A Pitch" *Accounting and Management Information Systems*, Vol. 15, No. 2, pp. 434-439.

＜Web サイト＞

アモーレパシフィック（http://www.brandamorepacific.com/）2019 年 11 月 16 日参照。

エスティローダー（http://www.estee.co.jp/brands/index.html）2016 年 7 月 23 日参照。

花王ソフィーナ（http://www.sofina.co.jp/）2015 年 8 月 30 日参照。

カネボウ化粧品（http://www.kanebo-cosmetics.co.jp/）2015 年 8 月 30 日参照。

韓国観光公社 한국관광공사（http://kto.visitkorea.or.kr/kor.kto）2016 年 5 月 28 日参照。

コーセー（http://www.kose.co.jp/jp/ja/）2015 年 8 月 30 日参照。

資生堂（http://www.shiseidogroup.jp/）2019 年 11 月 16 日参照。

日本政府観光局（JNTO）「訪日外客統計の集計・発表」（http://www.jnto.go.jp/jpn/statistics/data_info_listing/index.html）2016 年 5 月 28 日参照。

日本ロレアル（http://www.nihon-loreal.co.jp/）2016 年 7 月 23 日参照。

ファンケル（http://www.fancl.co.jp/i）2016 年 5 月 14 日参照。

富士フイルム（http://shop-healthcare.fujifilm.jp/astalift/）2016 年 5 月 14 日参照。

ポーラ（http://www.pola.co.jp/）2015 年 8 月 30 日参照。

ポーラ文化研究所「化粧文化史」（http://www.po-holdings.co.jp/csr/culture/bunken/）2016 年 10 月 31 日参照。

三菱 UFJ リサーチ＆コンサルティング（http://www.murc-kawasesouba.jp/fx/）2019 年 11 月 16 日参照。
矢野経済研究所「化粧品市場に関する調査結果 2014（2014 年 10 月 29 日）」（http://www.yano.co.jp/press/pdf/1316.pdf）2015 年 11 月 7 日参照。
ロート製薬（http://www.rohto.co.jp/）2016 年 5 月 14 日参照。
DHC（http://www.dhc.co.jp/main/）2016 年 5 月 14 日参照。
Estée Lauder（http://www.esteelauder.com/）2016 年 7 月 23 日参照。
ETUDE HOUSE（http://etude.jp/）2015 年 12 月 10 日参照。
INNISFREE（http://www.innisfreeworld.com/）2015 年 12 月 10 日参照。
It's skin（https://www.itsskin.com/）2015 年 12 月 10 日参照。
LG 生活健康（http://www.lgcare.com/）2015 年 9 月 5 日参照。
L'Oréal（http://www.loreal.com/）2016 年 7 月 23 日参照。
MISSHA（http://www.misshajp.com/）2015 年 9 月 5 日参照。
NATURE REPUBLIC（http://www.naturerepublic.com/）2015 年 12 月 10 日参照。
P&G Japan（https://jp.pg.com/）2016 年 7 月 23 日参照。
P&G USA（https://us.pg.com/）2016 年 7 月 23 日参照。
SKINFOOD（http://www.skinfood.co.jp/）2015 年 12 月 10 日参照。
THE FACE SHOP（http://www.thefaceshop.jp/）2015 年 12 月 10 日参照。

＜雑誌等（化粧品広告掲載の確認）＞
（日本）
『美的（BITEKI）』小学館 2016 年 5 月、『ミセス』文化出版局 2016 年 3 月、『JJ（ジェイジェイ）』光文社 2016 年 6 月、『MAQUGIA（マキア）』集英社 2016 年 6 月、『VOCE（ヴォーチェ）』講談社 2016 年 6 月。
（韓国）
『allure』2015 年 5 月号、『BAZAAR』2012 年 8 月号、『CeCi』2015 年 5 月号、『ELLE』20015 年 8 月号、2016 年 7 月号、『GRAZIA KOREA』2015 年 5 月号、『InStyle』2013 年 12 月号、『marie claire』2013 年 7 月号、『VOGUE（KOREA）』2013 年 3 月号。
（中国）
『昕薇』（中国版 ViVi）講談社 2013 年 5 月号、『卡娜』（中国版 S Cawaii）女性大世界雑誌社 2012 年 7 月号。

（台湾）
『女人我最大』英特發 2015 年 8 月号、『BEAUTY（美人誌）』美人文化 2015 年 8 月号、『VOCE（國際中文版）』尖端出版 2015 年 9 月号。

あとがき

本書の執筆にあたっては、関西大学商学部（前大阪市立大学教授）の朴泰勲先生より、本研究がもたらす幾多の論点と分析にわたりご助言とご指導を賜りました。韓国企業をテーマとし、中国市場での展開や競争戦略、ものづくりの概念を導入するなど、朴泰勲先生の研究内容から多大な影響を受けて本書を執筆する大きな原動力となりました。また、大阪市立大学大学院の有賀敏之先生、金子勝規先生、小沢貴史先生には、経済学、経営学の視点からの多くのご指導と示唆を賜り、本研究の完成度を高めるためのご助言をいただきました。本書の基となる博士学位論文の執筆から本書の出版に至るまで、大阪市立大学の李捷生先生や新藤晴臣先生をはじめ多くの先生方にご支援を賜りました。そして、京都産業大学の後藤富士男先生からは、朝鮮半島に関する経済・社会面からのご助言と薫陶を受け、本研究において韓国の社会的背景や文化面を含めた多面的な分析を行う動機づけとなりました。ご指導・ご助言をいただきました先生方に、この場をお借りして厚く御礼申し上げます。その他、本研究にあたり、百貨店の各店舗や小売店各店で調査にご協力いただいたビューティ・コンサルタントやスタッフの皆様方、韓国での店頭調査においてご協力をいただいた販売スタッフの皆様方に深く感謝いたします。

2018年12月　赤松　裕二

改訂版あとがき

2018年の初版刊行より短い期間ではありますが、皆様から望外のご好評をいただき、このたび改訂版を発刊することになりました。

日本と韓国の化粧品業界においては、昨今、アジア地域での競合をさらに激化させており、各社における海外市場での動きも著しい変化が見られます。改訂版ではこのような状況を鑑み、本書の考察の中心である資生堂とアモーレパシフィックについて、直近の財務資料を基に両社の比較データを更新し、海外市場における地域別シェアのグラフなどを新しくしております。

初版の出版から改訂版の発刊に至るまで、大阪公立大学共同出版会の理事の先生方、事務局のスタッフの皆様方に多大なるご支援を賜り、心より御礼申し上げます。出版会の先生方にきめ細やかなご助言とご手配をいただき、このたびの改訂版出版が不安なく円滑に進んでまいりましたことを、大変うれしく感じておりますとともに、感謝の念に堪えません。また、改訂版の発刊に至るまでご支援を賜りました、大阪市立大学ならびに環太平洋大学の先生方、職員の皆様方に心から感謝いたしております。皆様方のお力添えをいただき、改訂版発刊の運びとなりましたこと、感慨もひとしおです。

改訂版の発刊を記念し、私から皆様方への御礼の気持ちを添えて、ここに「あとがき」として書き加えます。どうも有難うございました。

2020年1月　赤松　裕二

●著者紹介

赤松　裕二（あかまつ ゆうじ）

大阪市立大学大学院 創造都市研究科 国際地域経済研究領域 博士後期課程修了

博士（創造都市）・修士（経済学）。

三井住友銀行勤務、学校法人 金蘭会学園 理事・法人事務局長・理事長補佐を経て、学校法人 創志学園 執行役員、大阪市立大学大学院 客員研究員、環太平洋大学 副学長・教授・通信教育課程長を歴任する。

現在、環太平洋大学 副学長・教授、大阪市立大学 客員教授（大学院 都市経営研究科）。

【主要業績】

＜著　書＞

● 『化粧品業界のブランド戦略－日本と韓国における化粧品会社の戦略比較－』（単著）大阪公立大学共同出版会 2018年、全212頁。
● 『フルート製造の変遷－楽器産業の製品戦略－』（単著）大阪公立大学共同出版会 2019年、全220頁。

＜論　文＞

●「化粧品業界のグローバルおよびローカル・ブランド戦略の考察—資生堂とアモーレパシフィックの中国市場での展開を中心に—」『関西ベンチャー学会誌 Vol. 8』（単著）2016年、62-72頁。
●「日韓化粧品業界のブランド戦略—擦り合わせ型と組み合わせ型によるブランド展開の考察—」『ビューティビジネスレビュー Vol. 4』（単著）2016年、16-28頁。
●「日本と韓国における化粧品業界のブランド・ポートフォリオ戦略—資生堂とアモーレパシフィックの戦略を事例として—」『産業学会研究年報 第31号』（単著）2016年、89-101頁。
●「国内楽器産業の技術の伝承と生産戦略—フルート製造業を事例とした考察—」『関西ベンチャー学会誌 Vol. 10』（単著）2018年、81-91頁。
●「国内管楽器メーカーの製品開発戦略—フルートとサックス製造業を事例として—」『産業学会研究年報 第33号』（単著）2018年、167-185頁。
●「楽器メーカーの製品開発戦略－フルート製造におけるイノベーション－」『関西ベンチャー学会誌 Vol. 11』（単著）2019年、91-97頁。

OMUPの由来

大阪公立大学共同出版会（略称OMUP）は新たな千年紀のスタートとともに大阪南部に位置する５公立大学、すなわち大阪市立大学、大阪府立大学、大阪女子大学、大阪府立看護大学ならびに大阪府立看護大学医療技術短期大学部を構成する教授を中心に設立された学術出版会である。なお府立関係の大学は2005年４月に統合され、本出版会も大阪市立、大阪府立両大学から構成されることになった。また、2006年からは特定非営利活動法人（NPO）として活動している。

Osaka Municipal Universities Press (OMUP) was established in new millennium as an association for academic publications by professors of five municipal universities, namely Osaka City University, Osaka Prefecture University, Osaka Womens's University, Osaka Prefectural College of Nursing and Osaka Prefectural College of Health Sciences that all located in southern part of Osaka. Above prefectural Universities united into OPU on April in 2005. Therefore OMUP is consisted of two Universities, OCU and OPU. OMUP has been renovated to be a non-profit organization in Japan since 2006.

改訂版
化粧品業界のブランド戦略
――日本と韓国における化粧品会社の戦略比較――

2018年12月25日　初版第１刷発行
2020年１月10日　改訂版第１刷発行

著　者　赤松裕二
発行者　八木孝司
発行所　大阪公立大学共同出版会（OMUP）
〒599-8531 大阪府堺市中区学園町１－１
大阪府立大学内
TEL　072(251)6533
FAX　072(254)9539
印刷所　株式会社太洋社

ISBN978-4-909933-12-6